张奠宙数学教育随想集

华东师范大学出版社

·上海·

图书在版编目(CIP)数据

张奠宙数学教育随想集/张奠宙著.—上海:华东师范大
学出版社,2013.1
ISBN 978-7-5675-0214-7

Ⅰ.①张… Ⅱ.①张… Ⅲ.①数学教学-文集 Ⅳ.①O1-4

中国版本图书馆 CIP 数据核字(2013)第 014869 号

张奠宙数学教育随想集

著　者　张奠宙
责任编辑　倪　明　孔令志
装帧设计　卢晓红

出版发行　华东师范大学出版社
社　　址　上海市中山北路 3663 号　邮编 200062
网　　址　www.ecnupress.com.cn
电　　话　021-60821666　行政传真 021-62572105
客服电话　021-62865537　门市(邮购)电话 021-62869887
地　　址　上海市中山北路 3663 号华东师范大学校内先锋路口
网　　店　http://hdsdcbs.tmall.com

印刷者　常熟高专印刷有限公司
开　　本　787×1092　16 开
印　　张　17.5
字　　数　234 千字
版　　次　2013 年 5 月第一版
印　　次　2021 年 12 月第五次
书　　号　ISBN 978-7-5675-0214-7/G·6109
定　　价　35.00 元

出版人　王　焰

(如发现本版图书有印订质量问题,请寄回本社客服中心调换或电话 021-62865537 联系)

目　录

第二部分　热点评论

第三部分　域外见闻

第四部分　往日萦怀

第五部分　序言选粹

第六部分　编后漫笔

第七部分　乡情杂忆

前　言

　　21 世纪初,中国数学教育发生了重大的变革。我作为这一历史事件的亲历者,每有随想会意,多半会随手记下。本书将其中的一部分汇集起来,希冀能够折射出改革大潮中的一片激越的浪花,回闻一阵汹涌的涛声,留下一点记忆。

　　我 2001 年退休,时年 68 岁,已达学校最高的工作年龄。两年之后,年届七十,江苏教育出版社的王建军编辑,邀我刊行《数学教育经纬》,收集了我截至 2003 年初的有关数学教育的各类文字。本想到此刀枪入库、马放南山,收官搁笔了。谁想在惯性推动下,加之因退休而空闲,反而越写越多起来。

　　2003 年到 2012 年的 9 年间,我陆续出了一些著作,如《陈省身传》、《中学数学教育概论》、《中国数学双基教学》、《小学数学研究》、《情深意切话数学》、《我亲历的数学教育(1938—2008)》等十多种。也在《人民教育》、《课程・教材・教法》、《教育科学研究》、《数学通报》、《中学数学教学参考》、《小学数学》、《小学数学教师》等杂志发过许多文章。更多的则在《数学教学》上。其中有不少是一些"大块"的论文,读起来会觉得相当沉重。

　　不过,我还有一些短小的文字,可读性强一些。更由于担任《数学教学》主编和名誉主编,每期总要写一篇短短的"编后",与赵小平同志一起署名发表,至今未曾中断。此外,应邀为一些著作所写的序言,以及散见各处的短文,倒也得到读者的垂青,反响甚至超过长篇论文。于是,华东师大出版社的倪明分社长,建议我把这些短文收集起来出一本集子。于是,我便筹划起来。

　　首先,既然是散文随想,长文就不收了。除个别稍长的以外,都在 2000 字以下,许多篇目只有几百字。其次,得有一个时间限制。2003 年以前的数学教育短文,许多已经收集在《数学教育经纬》之中,除了个别的以外,这次就不收入了。此外,为了阅读方便,篇目没有完全按照时间顺序编排,而是分为若干栏目,如"数学小品"、"热点评论"、"域外见闻"、"往日萦怀"、"序言选粹"、"编后漫笔"等等。最后,有几篇关于我个人的家庭乡情、求学经历的散文,内容虽不直接涉及数学教育,却也是建国初期江南县城教育环境的点滴反映。敝帚自珍,也把它们放在最后一部分里。

既然是随笔散文,本来应该多收一些人和事的回忆文章,但由于在《我亲历的数学教育(1938—2008)》一书中,已经详细地描述了我的相关经历。特别是我和国内外许多朋友的交往文字,相当详细,这里也不再重复。本书的"往日萦怀"栏目,只收了几篇我对几位老一辈数学家和数学教育家的景仰和纪念的文字。

书中的文字,除少数几篇,都是发表过的。收入本书时多半原文照录,个别的有文字性修改,有些还写了后记加以说明。

编选过程中,时时浮现许多朋友的面容,忆及大量读者的忠告和鞭策。这些年来,我身体每下愈况,却依然笔耕不辍,得益于大家的厚爱和帮助。工作着是美丽的。谢谢大家,也感谢华东师大出版社和倪明编审、孔令志编辑。

与倪明(右)和孔令志(左)合影(2013)

张奠宙
2013 年元宵节

第一部分
数学小品

　　这一部分收集了一些谈论数学、理解数学和欣赏数学的短文。文字上力求活泼，具有人文意味，借以揭示和欣赏数学的文化底蕴。

　　这一部分的文字，除注明者之外，均见《情真意切话数学》，科学出版社于 2010 年出版。

访问美国麻省理工学院，主楼前留影(2007)

龙年说数学

辛卯之后是壬辰。2012 年,又是龙年了。翻看旧稿,有一篇谈到数学和"龙"有几分相像,细细琢磨,觉得还有点意思。

鲁迅说:"世上本没有路,走的人多了,便成了路。"同样,世上本来没有龙,因为先人的图腾想象,大家认同了,就有了约定俗成的"龙"。至于数学,世上原来也没有数学这个事物。事实上,没有人见过"龙",只见过蛇、狮、虎、豹。也没有人见过 1、2、3、4,只有一个苹果、两条鱼、三只羊、四条腿。由于人们的创造,经过人的想象,才有了数字,并发展成数学。

数学的这个特点,和物理学、化学、生物学不同,世上原本就有太阳、地球、原子、电子、化合物、动植物、细胞和基因。人们发现了物体运动、声光电热、化合与分解、生长与遗传等等现象。当人们掌握了物质运动规律,并运用它为人类造福,这就是科学。至于数学,却不直接面对某个特定的物质运动形式。世上并没有"质数"、"合数"、"方程式"这样的东西。哥德巴赫猜想,是人构造出来的思想材料。

数学和龙一样,都是一种文化现象。"龙"曾经是"君权"的象征,体现出至高无上的权威。数学则因其覆盖一切科学领域,也是君临天下,成为"科学的女王"。威严使人难以亲近。普通百姓穿不得象征皇权的龙袍,同样,许多人看见数学符号就头疼。不过,时代在变迁。"龙"文化现在已经深入到寻常百姓家,数学文化则伸展到学校的每一个角落。

中国人是龙的传人。作为龙文化的继承者,并不害怕外形凶猛的龙颜,也不忌惮抽象的难以捉摸的龙意。进入信息时代的中国人,正在摆脱"数学难学"的偏见,以学好数学作为自己努力的目标。就中小学生而言,中国学生在国际数学奥林匹克中屡创佳绩,上海学生在 PISA 国际数学测试中名列第一。时至今日,从西方传入的现代数学教育,竟成为中国人的一种特长。"21 世纪数学大国",正在一步步地变为现实。

数学属于每一个人。让我们每一个人都能亲近数学,热爱数学,支持数学,发展数学,确保东方的数学巨龙腾飞。

寄数学小读者

请允许我称你为"小"读者,因为我比你降临人间早半个世纪! 我羡慕你,因为 21 世纪是属于你的。

当本书印出来的时候,我想象着,你,一位风华少年,正把它放入原已很沉的书包。你喜欢它吗? 请说真话。

不管你是否愿意,数学将无处不在。它会陪伴你度过青春年华,跨越考试重关,充实风险人生。数学,犹如一条伶俐的小狗,你若喜欢它,亲近它,它就会向你摇头摆尾,忠心相随。可是你若嫌弃它,疏远它,它就会向你狂吠,冷不防咬你一口!

喜欢数学才能学好数学。你应当懂得欣赏数学的优美。它说一不二,又机巧聪明,让人佩服。可是,你千万不要仅仅把它当作玩物,它会是你不可或缺的帮手,应付咸淡人生的忠实谋士。

这本小书会给你一个惊喜:原来数学和现实如此之近。当你走进银行存压岁钱,打开报纸读金融消息,听大人们谈论还本销售的时候,数学就来帮你作出正确判断。这时人们会说你:"好聪明,好高明!"当你走进工厂,跨过田野的时候,你会注意到飞转的车轮、奇形的零件、标准的尺寸、美丽的轮廓。于是你能看到别人看不到的数学背景,内心真是"好充实,好快活"!

其实,这本小书只是一名小小的向导,广阔的数学天地,要靠你自己去打开。

午夜的星空,那么深邃,广袤,无边无涯。望你乘上数学之舟,科学之火箭,闯荡未来的人生,拥抱新的世纪!

(这是《初中数学应用题基本训练》一书的序言,该书由华东师范大学出版社 1994 年出版)

《道德经》与自然数

人们熟悉的自然数,现在规定从 0 开始,即

$$0 , 1 , 2 , \cdots。$$

那么自然数是怎么生成的呢? 老子《道德经》说得明白:

太初有道。道生一,一生二,二生三,三生万物。

《道德经》陈述的关键在一个"生"字。生,相当  于皮亚诺自然数公理的"后继"。由虚无的"道"(相当于 0)开始,先生出"一",再生出"二"和"三",以至生出万物。这里,包含了自然数的三个特征。

1. 自然数从 0(道)开始;

2. 自然数一个接一个地"生"出来;

3. 自然数系是无限的(万物所指)。

这简直就是皮亚诺的自然数公理了。

老子画像

再看大数学家冯·诺伊曼用集合论构造的自然数。他从一个空集 $\varnothing$(相当于"道")出发,给出每一个自然数的后继:即以此前所有集合为元素的集合。具体过程如下。

空集 $\varnothing$ 表示 0;

以空集 $\varnothing$ 为元素的集合 $\{\varnothing\}$ 表示 1;(道生一)

以 $\varnothing$ 和 $\{\varnothing\}$ 为元素的集合 $\{\varnothing,\{\varnothing\}\}$ 表示 2;(一生二)

以 $\varnothing,\{\varnothing\}$ 和 $\{\varnothing,\{\varnothing\}\}$ 为元素的集合 $\{\varnothing,\{\varnothing\},\{\varnothing,\{\varnothing\}\}\}$ 表示 3;(二生三)

以前面 N 个集合为元素构成的新集合,表示 $N+1$。(三生万物)

……

我们了解自然数,何不从《道德经》开始?

(原载《天府数学》2009 年第 1 期)

把一个分数比喻为一个"学校"

分数是 6 年级学生学习的一个难点。教材中有一个所谓的基本性质(其实应该叫分数的相等性质):"一个分数的分子和分母同乘以或除以一个相同的非零数,分数的大小不变。"于是我们有:

$$\frac{1}{2} = \frac{2}{4} = \frac{3}{6} = \cdots = \frac{n}{2n} = \cdots。$$

这就是说,同一个分数有许许多多种不同的表示。这和一个自然数只有一种表示很不相同。在这一基础上,就出现了令学生头疼的"最简分数",以及"约分"、"扩分"和"通分"。

事实上,在数学意义下,分数是一个等价类。这说起来似乎比较深奥。其实,我们可以把一个分数看作一个群体。例如一个学校。学校里的老师、学生都是平等的一员,每个成员各有各的特点。校长可以相当于"最简分数",但是只有"最简分数"是不能完全代表分数的。分数相加时需要通分,就要找一个以最小公倍数为分母的分数才能进行。这好比学校要参加全市学生运动会,就要派本校的学生成员去参加。奥林匹克数学竞赛的教练,就要由数学老师成员来担任。这样一比喻,学生也就明白了。

当然,我们也可以把一个分数比喻为一个"大家庭",家庭成员各自扮演不同的角色。此外,也可以比喻为一个学生可以穿着很多种服装:校服、运动服、舞蹈服等等,不同的场合穿不同的服装,但是本质上都是同一个人。

"比喻",说明许多思维方式存在着共同之处。用常识理解数学意义,可以采用适度的比喻,把复杂的问题简单化。

关于"100万有多大"

"100万有多大",是个怪问题。100万就是100万嘛。据说这是要形成"数感"。哦,这个连专家们都争论不休的"数感",已经付诸实践了。于是,"100万有多大"进入7年级数学课程,有大块文章发表,有博士论文研究。一个公开发表的教案,让学生研究"100万粒米有多少"。实际上,成人也不知道其答案,因为没有用。更令人称奇的是,问学生"100万元人民币要用多大的箱子装"。真的,除了公安局对付抢银行的劫匪时也许用得上之外,哪个老百姓需要这样的数感? 推而广之,难道我们需要问100万个鸡蛋有多大,1千万个篮球有多大,一亿枝铅笔有多长? ……这和数学有什么相干? 如果小学生做游戏,中学数学课做点铺垫,无可厚非,正而八经当作一堂课来上,令人匪夷所思。数学源于生活,又高于生活。许多数学教学设计,把课堂搞得热火朝天,却都在原生态的生活经验层面进行,和数学活动不搭界,走入了误区。那么,100万的"数感"是什么? 它的数学味在哪里?

我们用一个小立方体表示1,那么10个摆成一排,100个(10排)摆成一方,10方(100排,1000个)叠起来构成一个千立方体(K)。

接着,以千立方体K作为单位,再10个摆成一排,100个摆成一方,1000个叠成一个百万立方体(M)。

还可以继续。因为,空间是三维的,所以,千、百万、兆成为十进位数的层次结构。现在国家规定使用千米、千克,计算机内存以K、M、G计数,与国际接轨,是合理的规定。

(作者为张奠宙等,原载于《小学数学研究》,高等教育出版社于2008年出版)

过河取宝还是拴线拉宝？

——比喻算术和代数的区别

小学里的所谓代数方法就是解方程。其本质是为了求未知数而在未知数和已知数之间建立起来的一种等式关系。也就是说，学习方程，目的是"求"未知数，方法是"拉关系"，具体策略是通过等式变换进行"还原和对消"。

纪念阿拉伯数学家花拉子米（约 780—约 850）的邮票（苏联，1983）

公元 820 年，花拉子米写了一本《代数学》。"代数学"的本意是"还原与对消的科学"，也就是要把淹没在方程中的未知数 x 暴露出来，还原 x 的本来面目。这样讲，就把"方程"说活了。这好比要结识"朋友"，就得通过别人介绍，借助中介关系，如此而已。

试问：方程比算术好，到底好在哪里？让我们先看问题："小明今年 10 岁，爸爸的年龄是他的 3 倍多 6 岁，求爸爸的年龄。"有两种解法：

（1）算术方法：爸爸年龄 $= 3 \times 10 + 6$。这是从已知的小明年龄 10 出发，一步步接近爸爸年龄，最后得到答案 36。

（2）代数方法：设爸爸年龄为 x，则有方程：$\dfrac{x-6}{3} = 10$，解之得 $x = 36$。这是从未知的爸爸年龄 x 出发，寻出和已知的小明年龄的关系，根据关系解出未知的 x，即通过对消方法，将未知数还原出来。

这一例子使我们看到用方程或算术解题的思维路线往往是相反的。打一个比方：如果将要求的答案比喻为在河对岸的一块宝石，那么算术方法好像摸石头过河，从我们知道的岸边开始，一步一步摸索着接近要求的目标。而代数方法却不同，好像是将一根带钩的绳子甩过河，拴住对岸的宝石（建立了一种关系），然后利用这根绳子（关系）慢慢地拉过来，最终获得这块宝石。两者的思维方向相反，但是结果相同。

一个数学故事引出的一个概率教学案例

听完华应龙老师的课,很为他的创新精神所折服。概率进入小学数学课程,是一件新事物,没有多少教学前例可循。这节概率课,却很有创意。华老师编制的这个数学故事,既有温馨亲情,又有时代特色,符合儿童情趣。引出的丢啤酒瓶盖决定"输赢"的案例,则是一个用频率近似地表达概率的"非等可能性"的随机事件,适合小学数学的课堂教学。

这个故事是说,奥运会在北京召开,一张篮球赛的球票,成为爸爸(华老师自己)和他的大学二年级儿子争夺的目标。儿子建议丢啤酒瓶盖决定输赢,并自选正面向上(锯齿面向下)。故事的数学本质在于,"瓶盖正面向上的概率"究竟是多少? 凭直觉,其概率要小于 $\frac{1}{2}$。儿子这样挑选,是存心"让"爸爸赢。可是,丢的结果却是"正面朝上",爸爸输了。爸爸高兴地把票放到儿子的手里。于是,用李宁的一句广告语"一切皆有可能"作为这堂课的结束。尽管概率有大小,却一切皆有可能。这就是数学故事的核心。

作为小学数学活动的一个经典案例,华老师让同学们用试验方法估计"丢啤酒瓶盖正面朝上"的概率。这一随机事件有两个特点。一是简便易行,啤酒瓶盖到处都有,丢起来不困难,实验成本很低。二是它明显地不能用"等可能性"方法进行判断,只能通过实验方法,用频率近似表示概率。这次课堂实验表明,"瓶盖正面朝上"的频率恰好是 $\frac{60}{180} = \frac{1}{3}$。因此,根据我们的实验得到的结论是,"啤酒瓶盖正面朝上"的概率大约是 $\frac{1}{3}$,即可以近似地表示为 $\frac{1}{3}$。当然,不同的实验,同样的啤酒瓶盖,得到的频率不必相同。

晚近以来,许多概率教学设计,都在课堂上让学生"丢硬币","摸球",用实验方法估计那些"等可能发生的事件"的概率,这是败笔。等可能性事件的发生概率,是通过理性思考得出的,并不依赖于实验。我们需要的是,展示像"丢啤酒瓶盖"这样的"非等可能性"的随机事件,引导学生用频率近似地表达概率。

　　数学课,要重视数学本质的揭示,其他的活动都应该围绕着数学本质进行。我认为,华老师"丢啤酒瓶盖"的教学,通俗易懂,简便可行,承载了数学价值,可以说是一个经典的教学案例,有长远的存在价值。

"三根导线"故事的启示

1990 年代的一天,上海市第 51 中学(今位育中学)的陈振宣老师对我讲了一个数学教育的故事。我以为,那是中国数学教育的一个亮点,堪称经典。

陈老师的一个学生毕业后在和平饭店做电工。工作中发现在地下室控制 10 层以上房间空调的温度不准。分析之后,原来是使用三相电时,连接地下室和空调器的三根导线的长度不同,因而电阻也不同。剩下的问题是:如何测量这三根电线的电阻呢? 用电工万用表无法量这样长的电线的电阻。于是这位电工想到了数学。他想:一根一根测很难,但是把三根导线在高楼上两两相连接,然后在地下室测量"两根电线"的电阻是很容易的。如图,设三根导线电阻是 x、y、z。于是,他列出以下的三元一次方程组:

$$\begin{cases} x + y = a, \\ y + z = b, \\ z + x = c. \end{cases}$$

解之,即得三根导线电阻。

这样的方程组谁都会解。但是,能够想到在这里用方程组,才是真正的创造啊! 我为这位电工的数学意识所折服。

清代学者袁枚曾说:"学如箭镞,才如弓弩,识以领之,方能中鹄。"有知识,没有能力,就像只有箭,没有弓,射不出去。但是有了箭和弓,还要有见识,找到目标,才能打中。上面的例子说明,解这样的联立方程,知识和能力都不成问题,难的是要具有应用联立方程的意识和眼光。

这使我想起第二次世界大战以后,1948 年时在美国出现的数学。这一年,维纳发表《控制论》,香农发表《信息论》,冯·诺伊曼提出使用至今的计算机方案。这三项数学成就,不是通常我们所解决的那种数学问题。他们看见了我们没有看见的数学问题。试问:打电报传送的信息,可以是数学研究的对象吗? 大脑控制

香农(C. E. Shannon, 1916—2001)　维纳(N. Wiener, 1894—1964)　冯·诺伊曼(J. von Neumann, 1903—1957)

于去拾地下的铅笔,可以构成"数学控制论"吗?研究数字电子计算机会改变时代吗?他们看见了新的数学,在1948年不约而同地做出了创造性的杰出贡献,影响之大,使人类在20世纪下半叶进入信息时代。

在别人看不见的地方,发现数学问题,解决数学问题,这是最高的数学创新。这比做别人给出的问题,更胜一筹。国际数学奥林匹克金牌难拿,高考的一些数学题目很不好做。能够拿金牌,得高分,肯定是一种能力。但是只会把"别人已经做过的问题重做一遍"是远远不够的。在看起来"没有数学问题"的地方发现数学问题,那往往是"大"的数学创造。和平饭店的电工解决数学问题的可贵,也正在此。对基础教育来说,如何培养这样的创新性学习,更值得深思。我们常说,问题是数学的心脏;那么,创新则是数学的大脑。创新有战略上的创新和战术上的创新之分。波利亚的解题理论是微观分析,主要是解题的策略选择,技巧的运用,属于数学战术层次;另一种解决问题的途径是大视野的分析,通过战略的思考,注重数学的本质,发展新的数学课题。三根导线这样的问题,超出了波利亚解题理论的范围,属于战略上的思考。

"三根导线"的故事,堪称中国数学教育的经典之作。

坐标:源于定位,高于定位

大量的"坐标"教学设计,都把"用一对数确定平面一点的位置"作为教学重点。还常常让学生站成几排,用第几排第几个的一对有序的自然数来表示位置,一时上上下下好不热闹。其实,这些都是生活常识,不教也会。就像打电话,用不着一本正经地在课堂上教,自己看看就会了。

小学数学中引入坐标系,学习的重点和难点是坐标系的建立,尤其是坐标原点的设置。许多教案从电影院找座位引入,当然可以,问题在于这时的电影院排座位的坐标原点在哪里? 第一排第一座是原点吗? 可是我们还有 0 排 0 座怎么办? 电影院用单双号方法排座位,就无法设置原点,也构不成数学意义上的坐标轴。其实,还是把教室中的座位排紧,可以构成符合坐标系要求的座位图。我们不妨设左上角为原点:0 排 0 座。其他座位就都有(自然数)坐标了。如果将它定为第一排第一座,那就需要假想虚拟的原点和坐标轴。这些内容是我们学习的核心。

令人不解的是,许多初中数学的坐标系教学设计,仍然谈"东大街、南马路"马路交界处之类的问题来引入,不厌其烦地举例,停留在小学阶段"确定位置"的水平上。

其实,同样用教室中排竖的座位构成的座位图,只要把原点定在任何一个中间同学的座位,以横向的一排作为 x 轴,纵向的一列为 y 轴,就构成一个具有四个象限的直角坐标系了。选择不同的同学座位作为原点,就产生了坐标变换。正负数在这里的作用就充分显示出来了。这是初中坐标系教学的一个关节点。至于将整数坐标扩充到实数坐标点情形,是容易想象的事情[①]。

初中水平的坐标系教学,要高于"定位"。坐标的价值在于表示各种几何图

---

① 直线上的点和全体实数之间一一对应,严格的论证需要可公度线段和不可公度线段理论,现在的数学课程已经不作要求,而是将它作为前人设置好的平台,凭直观想象加以接受就可以了.

形,而且在第一课时就要涉及。

请看上海长宁区的老师做法。先把教室的课桌椅并拢,以某同学为原点,两条绑有箭头的塑料绳按相互垂直的方向摆放形成坐标轴。于是每个同学都有坐标(尽管坐标都是整数),但已经完成了"用一对数确定位置"的地理学的任务。然后,教师请"两个坐标都是负数的同学站起来(第三象限)","两个坐标都相同的同学站起来(直线 $y = x$)","第一个坐标为 0 的同学站起来(y 轴)"……这让人震撼,也体现坐标的真正价值。另外,坐标原点是可以选择的。换一个同学做原点,人没有动,坐标变了。

这样"玩坐标",用坐标表示"数学对象",才是坐标系的数学价值所在。总之,欣赏坐标系的价值,可以源于"定位",但一定要高于定位,这在第一课时就应该而且也可以做到。

对称与对仗

——谈变化中的不变性质

数学中有对称,诗词中讲对仗。乍看上去两者似乎风马牛不相及,其实它们在理念上具有鲜明的共性:在变化中保持着不变性质。

数学中说两个图形是轴对称的,是指将一个图形沿着某一条直线(称为对称轴)折叠过去,和另一个图形能够重合。这就是说,一个图形"变换"到对称轴另外一边,但是图形的形状没有变。

这种"变中不变"的思想,在对仗中也反映出来了。例如,让我们看唐朝王维的诗句:

"明月松间照,清泉石上流。"

诗的上句"变换"到下句,内容从描写月亮到描写泉水,确实有变化。但是,这一变化中有许多是不变的:

"明"——"清"(都是形容词);

"月"——"泉"(都是自然景物,名词);

"松"——"石"(也是自然景物,名词);

"间"——"上"(都是介词);

"照"——"流"(都是动词)。

对仗之美在于它的不变性。假如上联的词语变到下联,含义、词性、格律全都变了,就成了白开水,还有什么味道?

世间万物都在变化之中,但只单说事物在"变",不说明什么问题。科学的任务是要找出"变化中不变的规律"。一个民族必须与时俱进,不断创新,但是民族的传统精华不能变。京剧需要改革,可是京剧的灵魂不能变。古典诗词的内容千变万化,但是基本的格律不变。自然科学中,物理学有能量守恒、动量守恒;化学反应中有方程式的平衡,分子量的总值不能变。总之,惟有找出变化中的不变性,才有科学的、美学的价值。

数学上的对称本来只是几何学研究的对象，后来数学家又把它拓广到代数中。例如，二次式 $x^2 + y^2$，当把 x 变换为 y，y 变换为 x 后，原来的式子就成了 $y^2 + x^2$，结果仍旧等于 $x^2 + y^2$，没有变化。由于这个代数式经过 x 与 y 变换后形式上与先前完全一样，所以把它称为对称的二次式。进一步说，对称，可以用"群"来表示，各色各样的对称群成为描述大自然的数学工具。

物质结构是用对称语言写成的。诺贝尔物理学奖获得者杨振宁回忆他的大学生活时说："对我后来的工作有决定影响的一个领域叫做对称原理。"1957 年李政道和杨振宁获诺贝尔奖的工作——"宇称不守恒"的发现，就和对称密切相关。此外，为杨振宁赢得更高声誉的"杨振宁—米尔斯规范场"，更是研究"规范对称"的直接结果。在《对称和物理学》一文的最后，他写道："在理解物理世界的过程中，21 世纪会目睹对称概念的新方面吗？我的回答是，十分可能。"

对称是一个十分宽广的概念，它出现在数学教材中，也存在于日常生活中。能在文学意境中感受它，也能在建筑物、绘画艺术中看到它。对称甚至成为大自然的深刻结构的一部分。数学和人类文明同步发展，"对称"是纷繁数学文化中的一颗明珠。

（以上杨振宁的引文见《杨振宁文集》，华东师范大学出版社 1998 年出版，第 444、703 页）

文 1-11

与时俱进说"对数"

某权威的教师教学用书明确提出高中"对数"内容的教学目标是：理解对数的概念；了解对数的发现历史以及对简化运算的作用。

简化运算的作用？现在还用得着吗？拉计算尺的时代早已过去了。现在谈计算简化，可以当做历史来谈，却不是真正的目标。

今日学习对数，还是要从指数函数的逆运算说起，特别是留意"底"的作用。指数函数的底是直接写出来的，对数的"底"则要放在符号里，具有新意。

以 2 为底的对数很重要。1948 年，香农创立信息论，开宗明义定义的信息量，是用 $\log_2$ 来表示的。最简单的例子是古代的烽火台。它有两种信息：燃起烽火意味着敌人来（用 1 表示），不燃烽火则意味着敌人没来（用 0 表示）。在敌人来与不来的可能性一样的前提下，一个烽火台传送一个信息量。两种信息代表一个信息量，数学上的表示就是 $\log_2 2 = 1$。

如果东面和南面各有一个烽火台。这时的信息状态有四种情况：$(0, 0)$、$(0, 1)$、$(1, 0)$、$(1, 1)$。其中第一个、第二个坐标分别表示东面、南面敌人来否的状态。于是 4 种状态传送的信息量为 2，用数学符号表示就是 $\log_2 4 = 2$。

古烽火台遗址

对数，过去是初中内容，现在是高中内容，学生已经有映射意义下的函数概念作支撑。所以不妨直接给出如下两个数列：

$$0, 1, 2, 3, 4, 5, 6, 7, 8, 9, 10, 11, 12, \cdots;$$

$$1, 2, 4, 8, 16, 32, 64, 128, 256, 512, 1024, 2048, 4096, \cdots.$$

然后从关系式 $N = 2^b$ 引出以 2 为底的对数，是一个不错的设计。若能联系信息量的定义则更好。

对数的价值，更重要的是作为对数函数而显示出来。无论以什么数 a 为底，函数 $\log_a x$ 都是一种缓增函数：它和任意一个正数幂的函数 $y = x^p$，$p > 0$ 相比，其增加的速度都要慢。

（本文参考了象山教育局蒋亮老师的来信）

函数单调性的无限本质

对于一个有限和无限数列(定义域为全体自然数 **N**,或其子集)来说,检验其是否单调很容易,只要按顺序看是否每一项都比前项大(小)就是了。例如最近 30 年来,我国 GDP 的数值每年都比前一年有所增加,那是一个单调的数列。

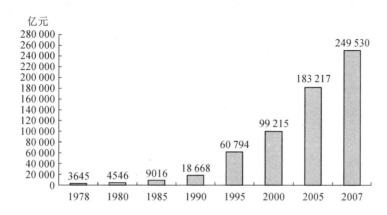

但是如果函数 $y = f(x)$ 的定义域 M 是像区间$[a, b]$、全体实数 **R** 等那样的无限集合,这时我们面对的是实实在在的无限集合,而且是无法枚举、分不出先后的一个无限集合。现在要检验它函数值是否随着自变量的增大一直上升(或下降),而且一个也不能少,怎么办? 此时的单调性刻画,不能一个个检验,也没有相邻两项可以比较。于是我们只能对任取的两个值做检验,即无论取哪两个自变量值 x_1、x_2,只要 $x_1 < x_2$,必须 $y_1 < y_2$。详细地写出来就是:

定义:区间$[a, b]$上的函数 $f(x)$ 称为是单调上升的,是指对于"任意的两个"满足条件 $x_1 < x_2$ 的自变量值 x_1、x_2,"都有"$y_1 < y_2$。

这一定义,乃是一种形式化的数学表示,在认识上具有一定的跳跃性。学生的思维发生障碍,觉得是天上掉下来的"林妹妹"。为什么要"'任意两个'……"啊? 突兀得很。究其根源,还是在于区间$[a, b]$是无限集合。在这里,咬文嚼字一番,数学语言的严密性顿然显现,学生也不会再感到突然。

对"任意的"对象如何如何,是数学语言的一次大改革的产物。19世纪末微积分严格化的进程中,出现 $\varepsilon - \delta$ 语言。极限定义的第一句话就是"对任意的 $\varepsilon > 0$"如何如何。这套语言把无限的极限过程,写成了"有限的形式"。函数的单调性,也是这样的转换过程:有限形式的定义,反映的是无限的内涵。

向量的三代家世

力，作为向量，古已有之。但作为向量结构，于今方兴。向量全面进入中国的数学课程，则是 21 世纪的事。

有大小和方向的量，叫做向量。仔细研究向量之家世，看到它历经了三代的发展。打个比方，早先的向量相当于远古的"原始人"，后来的向量是"文明人"，今天的向量可比拟为"现代人"。

第一代向量：力，以平行四边形法则为特征

力，是向量的最常见的实例。大约公元前 350 年之前，古希腊著名学者亚里士多德就知道了力可以表示成向量，两个力的组合可用平行四边形法则来得到。这是向量的第一代。以后的一千多年中，经过文艺复兴时期，牛顿创立微积分之后的 17、18 世纪，向量的知识没有什么变化。伽利略只不过更清楚地叙述了"平行四边形法则"而已。这点向量知识，形不成多少有意义的问题，发展不成一个独立的学科，因而数学家没有把向量当作一回事。

中国古代的驷马大车，俄国列宾描绘伏尔加纤夫的名画，都可以直觉地依照平行四边形法则看到这样的合力。

合力·驷马大车

合力·列宾的名画"伏尔加纤夫"

第二代向量：有"数乘"运算，可以进行力的分解

力既然有合成，则必有力的分解。力的合成相当于向量的加减。但是，力的分解，只靠加减运算无法完成，必须引进另一个运算："数乘"。有了"数乘"，向量具有了自己的特定数学结构，进入了第二代。

许多向量计算问题要基于向量分解。因此，通常把向量的分解，叫做"向量的基本定理"。该定理是要回答：如果$\vec{e_1}$、$\vec{e_2}$不共线，任意向量$\vec{a}$能否用$\vec{e_1}$、$\vec{e_2}$表示呢？事实上，由于$\vec{e_1}$、$\vec{e_2}$的大小是固定的，$\vec{a}$的大小却可以任意，所以一般做不到$\vec{a} = \vec{e_1} + \vec{e_2}$，但是如果$\vec{e_1}$、$\vec{e_2}$可以拉长或缩短，那就可以做到了。

平面上全体向量组成的集合V，如果其上定义了加法和数乘运算，就成为一种新的数学结构，叫做向量空间，亦称线性空间。这里的"数"，中学里仅涉及实数。第二代向量，不再是孤立地看几个向量的运算，而是形成了一族向量，相当于一个"社会"，彼此利益相连，有合有分，浑然一体。如果说第一代向量是远古的"原始人"，那么第二代向量就相当于具有社会性质的"文明人"了。

第三代向量：引进了"数量积"

平面几何和立体几何一向以综合法的演绎为主，以后引入坐标系，发展为坐标几何，即解析几何。数与形互相结合，使得几何学别开生面。

但是，解析几何中的"点"不能运算。"点"作为向量之后，就可以运算了，这就较解析几何更深入一层。特别是引进"数量积"之后，向量几何好像插上了翅膀，超越了坐标几何。

向量计算,能够精中求简,"以简驭繁"。由于计算机技术的使用,向量方法的使用,未来还会有更大的空间。向量,已经并将更加重要地成为中学数学舞台上的一位"主角"。可以说,引进了数量积的第三代向量,就好像人类社会掌握了高科技,可以呼风唤雨,上天入地。"文明人"进步到了"现代人"的程度。

(本文与宁波鄞州中学朱赛飞老师合作)

数学中的"难得糊涂"

20世纪以来,希尔伯特的形式主义数学哲学深入人心,布尔巴基的结构主义观曾经流行一时。于是,中小学的数学教育,也崇尚形式化,以定义—公理—推理—定理的形式化趋势为最高追求。定义越抽象、越符号化、形式化越好。这当然是一种进步。但是,凡事不能过分。有些时候,数学也需要"难得糊涂"。

比如,什么是面积、体积?中小学数学课堂里从不加以定义。如果非要给一个形式化的定义,那么面积是"在平面集合类上的有限可加的、运动不变的正则非负集合函数"。这么做,未免小题大做,"成本"太高。所以还是凭借"面积"的直觉理解,"糊涂"一点算了。也就是说,不必问什么是面积,直接来"求"面积就是。速度概念也是如此。高速公路上树立的牌子:"限速120",这里的"速",是指瞬时速度,至于何为瞬时速度,也是凭直觉理解,难得糊涂的。

常把"含有未知数的等式叫方程",以为是严格定义,其实这只是外观的描述,意义不大。比如自然数乘法的交换律 $ab = ba$,这是方程么?也只能"难得糊涂"一下。函数的变量说和映射说,各有千秋,不能以是否形式化来分高下。

有趣的是汽车的定义。《辞海》里的定义是:"一种自行驱动的人为控制的无轨车辆。"这样的定义,糊涂一点,不知道也没有关系。形式化虽好,也有其弊病,不可一味追求,以致失去鲜活的内涵。数学教学中有适度非形式化(informal)原则,不可忽视。

三角形有边吗?则是数学"难得糊涂"又一例。华东师大已故名教授程其襄先生提出过一个问题:"三角形有边吗?"他说,试想在一个锐角三角形里作一条高,于是把该三角形分成了两个小的三角形。如果规定所有三角形都必须带边,那么这条高只能属于一个小三角形,另一个小三角形就缺了一条边,不是三角形了。如果三角形都不带边,那么两个小三角形之并就不是原来的三角形了。总之,无论如何都存在着漏洞。

这样的漏洞,存在于我们素称"严谨得天衣无缝"的几何学,岂不是很煞风景?

但是它又鬼夹着眼睛在那里呆着，不肯走开。

这个"怪论"，不是不可以消除。例如把全带边或者缺边的三角形，规定为一个等价类。然后在等价类的基础上展开几何论证就是了。但是，这非常麻烦。不过，由于这个"怪论"的存在，并不影响所有几何命题的正确性，所以大家就"难得糊涂"，不予深究了。

数学上，往往把一些比较直观的正确的结论，论证起来却非常繁琐的内容，都"难得糊涂"一番。比如，实数全体和直线上的点，能够一一对应，这很直观。但是严格地加以证明则需要用"可公度"和"不可公度"理论，相当复杂。于是我们把它作为公认的"教学平台"，课堂上承认就是，不再证明了。

总之，中小学数学并不是每一处都严密得"滴水不漏"，有时候真的不得不"难得糊涂"一番。苏步青先生在指导编写中学教材时，提到"混而不错"的原则，说的也是这个道理。

数学无限的人文意境

数学和中国古典诗词,历来有许多可供谈助的材料。例如:

一去二三里,烟村四五家。

亭台六七座,八九十枝花。

把十个数字嵌进诗里,读来朗朗上口,非常有趣。郑板桥也有咏雪诗:

一片二片三四片,

五片六片七八片。

千片万片无数片,

飞入梅花总不见。

诗句抒发了诗人对漫天雪舞的感受。不过,以上两诗中尽管嵌入了数字,却实在和数学没有什么关系。游戏而已。数学和古典人文的联接,贵在意境。

数学中充满了无限。

小学生就知道,自然数是无限多的,线段向两端无限延长就是直线。平行线是"无限延长而不相交的"。无限,是人类直觉思维的产物。数学,则是唯一正面进攻"无限"的科学。

无限有两种:一种是没完没了的"潜无限",还有一种是"将无限一览无余"的"实无限"。

杜甫《登高》诗云:

风急天高猿啸哀,渚清沙白鸟飞回。

无边落木萧萧下,不尽长江滚滚来。

万里悲秋常作客,百年多病独登台。

艰难苦恨繁霜鬓,潦倒新停浊酒杯。

我们关注的是其中的第三、第四两句:"无边落木萧萧下,不尽长江滚滚来。"

前句指的是"实无限"，即实实在在全部完成了的无限过程，已经被我们掌握了的无限。"无边落木"就是指"所有的落木"，这个实无限集合，已被我们一览无余。

后句则是所谓潜无限，它没完没了，不断地"滚滚"而来。尽管到现在为止，还是有限的，却永远不会停止。

数学的无限显示出"冰冷的美丽"，杜甫诗句中的"无限"则体现出悲壮的人文情怀，但是在意境上，彼此是互相沟通的。

与无限密切相关的是"极限"的意境。

"极"、"限"二字，古已有之。今人把"极限"连起来，把不可逾越的数值称为极限。"挑战极限"，是最时髦的词语之一。1859年，李善兰和伟列亚力翻译《代微积拾级》，将"limit"翻译为"极限"，用以表示变量的变化趋势。于是，极限成为专有数学名词。

极限意境和人文意境的对接，习惯上用"一尺之棰，日取其半，万世不竭"的例子。数学名家徐利治先生在讲极限的时候，却总要引用李白《黄鹤楼送孟浩然之广陵》诗：

> 故人西辞黄鹤楼，
> 烟花三月下扬州。
> 孤帆远影碧空尽，
> 惟见长江天际流。

"孤帆远影碧空尽"一句，生动地体现了一个变量趋向于 0 的动态意境，它较之"一尺之棰"的意境，更具备连续变量的优势，尤为传神。

贵州六盘水师专的杨光强老师曾谈他的一则经验。他在微积分教学中讲到无界变量时，用了宋朝叶绍翁《游园不值》的诗句：

> 春色满园关不住，
> 一枝红杏出墙来。

学生听了每每会意而笑。实际上，无界变量是说，无论你设置怎样大的正数 M，变量总要超出你的范围，即有一个变量的绝对值会超过 M。于是，M 可以比喻成无论怎样大的园子,变量相当于红杏。无界变量相当于总有一枝红杏越出园子的范围。

诗的比喻如此恰切,其意境把枯燥的数学语言形象化了。

（原刊于 2006 年 12 月 30 日《文汇报》副刊《笔会》）

陈子昂与"四维时空"

近日与友人谈几何,不禁联想到初唐诗人陈子昂的名句《登幽州台歌》:

前不见古人,后不见来者;

念天地之悠悠,独怆然而涕下。

一般的语文解释说:前两句俯仰古今,写出时间绵长;第三句登楼眺望,写出空间辽阔。在广阔无垠的背景中,第四句描绘了诗人孤单寂寞悲哀苦闷的情绪,两相映照,分外动人。然而,从数学上看来,这是一首阐发时间和空间感知的佳句。前两句表示时间可以看成是一条直线(一维空间)。陈老先生以自己为原点,前不见古人指时间可以延伸到负无穷大,后不见来者则意味着未来的时间是正无穷大。后两句则描写三维的现实空间:天是平面,地是平面,悠悠地张成三维的立体几何环境。全诗将时间和空间放在一起思考,感到自然之伟大,产生了敬畏之心,以至怆然涕下。这样的意境,是数学家和文学家可以彼此相通的。进一步说,爱因斯坦的四维时空学说,也能和此诗的意境相衔接。

语文和数学之间,并没有不可逾越的鸿沟。

文 1-17

"离离原上草"的数学模型

周期运动,是我们经常碰到的现象。白居易《赋得古原草送别》中就有描写周期运动的名句:"离离原上草,一岁一枯荣。野火烧不尽,春风吹又生。"我们就请学生粗略描述"一岁一枯荣"的函数模型。

不妨设草的长度为 $h(t)$,时间 t 位于 $(0,12)$ 就能描述以一年为周期的函数模型(例如不妨假定,4 月草开始逐渐生长,6 月生长停止,11 月折断,至次年 4 月重新生长,如图)。设草长得最高时的长度为 h_0,则草的长度 $h(t)$ 与时间 t 的函数关系式: $h(t) = h(t+12)$,

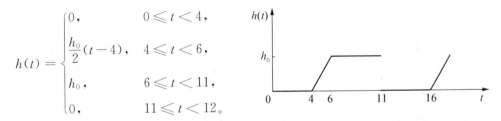

$$h(t) = \begin{cases} 0, & 0 \leqslant t < 4, \\ \dfrac{h_0}{2}(t-4), & 4 \leqslant t < 6, \\ h_0, & 6 \leqslant t < 11, \\ 0, & 11 \leqslant t < 12。 \end{cases}$$

在三角函数中,讲函数的周期性定义时,用"一岁一枯荣"创设意境,引入课题,使人耳目一新。岁岁枯荣是其生命之律动过程,其意蕴是永恒。进而点出原上野草秋枯春荣,岁岁循环,生生不息;这与函数的周期性数学意境完全吻合。

(本文与宁波鄞州中学任伟芳老师合作)

苏轼的《琴诗》与反证法

数学上常用反证法。你要驳倒一个论点,你只要将此论点"假定"为正确,然后据此推出明显错误的结论,就可以推翻原论点。苏轼的一首《琴诗》就是这样做的:

若言琴上有琴声,放在匣中何不鸣?

若言声在指头上,何不于君指上听?

意思是,如果"琴上有琴声"是正确的,那么放在匣中应该"鸣"。现在既然不鸣,那么原来的假设"琴上有琴声"就是错的。

同样,你要证明一个论点是正确的,那么只要证明它的否命题错误即可。就苏轼的诗而言,如果要论述"声不在指头上"是正确的,那么先假定其否命题:"声在指头上"是正确的,即在指头上应该有声音。现在,事实证明你在指头上听不见(因而不在指头上听),发生矛盾。所以原命题"声音不在指头上"是正确的。

由此可见,人文的思辨和数学的证明,都需要遵循逻辑规则。

"存在性命题"的古诗意境

亲友要我帮他们上小学的孩子把脉,看看数学思考灵不灵。我常常先问,你们学校有多少学生? 回答或是 500,或者 1000。于是我的问题来了:"你们学校的学生是否有人同一天过生日?"孩子们的回答不大一样,有说"不会的,没那么巧",也有说"不知道"的,或者说"大概会有的"等等。如果有孩子非常坚决地说"肯定有",我就断定他能够把数学学好。

这是个典型的存在性定理。因为一年至多有 366 天(闰年),生日也只能有366 个。一旦学校的学生数目超过 366 个人,则可以绝对肯定必然"存在"两人的生日相同,即同一天过生日。不过,究竟是哪两个人,在哪一天共同过生日,我却无法知道。这种只知其"有",并不知道具体是"谁"的结论,称为纯粹的"存在性"命题。

数学上重大的存在性定理很多。1799 年,大数学家高斯在他的博士论文中证明了代数基本定理:一元 N 次代数方程在复数域内一定有 N 个根。他只断定这 N 个根的存在,却不能指出"根"究竟在何处。

在人文意境上,存在性定理最美的描述,莫过于贾岛的诗句:

> 松下问童子,言师采药去。
>
> 只在此山中,云深不知处。

许多朋友欣赏"云深不知处"的苍茫意境,但是我喜欢的却是这首诗所体现的难以名状的确定性,那简直就是为数学而作的。隐者在哪里?"云深不知处"。但是他确实就在此山中——以纯粹的"存在性"而存在着。

(原载于 2011 年 8 月 15 日《文汇报》)

"横看"与"侧看"

——黎曼积分与勒贝格积分

苏轼《题西林壁》诗云：

> 横看成岭侧成峰，
>
> 远近高低各不同。
>
> 不识庐山真面目，
>
> 只缘身在此山中。

将前两句比喻黎曼积分和勒贝格积分的关系，相当有趣。苏轼诗意是：同是一座庐山，横看和侧看各不相同。勒贝格则说，比如数一堆叠好了的硬币，你可以一叠叠地竖着数，也可以一层层横着数，同是这些硬币，计算的思想方法却差异很大。

从数学上看，同是函数 $y = f(x)$ 形成的曲边梯形面积 M，也是横看和侧看不相同。实际上，如果分割函数 $y = f(x)$ 的定义域 $[a, b]$，然后作和 $\sum\limits_{i=1}^{n} f(\xi_i)\Delta x_i$ 用以近似 M，那是黎曼积分的思想，而分割值域 $[A, B]$ 作和

$$\sum_{i=1}^{n} y_i mE(x, \ y_{i-1} \leqslant f(x) \leqslant y_i)$$

近似表示 M，则是勒贝格积分的思想（这里的 m 是勒贝格测度）。

横看和侧看，数学意境和人文意境竟可以相隔时空得到共鸣，发人深思。

努力掌握微积分思想的精髓

近年来,张景中和林群两位院士,以全新的方式处理微积分,被称为第三代的微积分,值得我们关注。

所谓第一代微积分,是 17、18 世纪牛顿、欧拉等先驱表述的微积分,逻辑上不严密。例如说无穷小"既是 0 又不是 0",为人诟病。于是在 19 世纪末有第二代微积分产生,用 $\varepsilon - \delta$ 语言陈述,非常严谨。然而由于其难懂被称为"大头微积分",无法普及。现在的大学工科高等数学,也还基本上是第一代的微积分,难以适应 $\varepsilon - \delta$ 语言。至于现在《高中数学课程标准(实验稿)》采用的叙述办法,则是最不严密的那种第一代微积分,主要凭直觉进行运算。这种"难得糊涂"的办法,乃是不得已而为之。

现在张景中院士提出的初等数学里的微积分,严格却不用 $\varepsilon - \delta$ 语言,而且用初等数学的语言可以说清楚。大家看到,张景中先生的短短几页的文章,微积分基本定理(牛顿-莱布尼茨公式)已经严谨地推导出来。这就为我们开辟了第三条道路。

为什么张景中院士的方法能够如此有效? 我的理解是,他巧妙地用不等式化解了"微分中值定理"的功能,最终将微积分初等化了。

大家知道,微分中值定理是传统微积分学的核心命题。它依靠实数理论、函数极限和连续概念,经过闭区间上连续函数性质的研究,通过导数概念和求导运算,借助罗尔定理,兜了很大的圈子,终于得到差商的一个估计:

$$\frac{F(b) - F(a)}{b - a} = F'(\xi)。$$

有了这个估计,函数的有界性、单调性判别,易如反掌;由此导出牛顿-莱布尼茨公式,水到渠成。微积分全盘皆活。

但是,中值定理成立的条件是函数 $F(x)$ 在 $[a, b]$ 上"连续"、(a, b) 内"可导"。这涉及极限过程。于是,按照张景中先生的想法,绕过导函数的要求,直接把微分中值定理的功能,分解为"差商可控"和"差商有界"两项只用不等式表达的概念。

先看以下的定义。

定义 1(甲函数和乙函数)　设函数 $F(x)$ 和 $f(x)$ 都在区间 I 上有定义,若对 I 的任意子区间 $[u, v]$,总有 $[u, v]$ 上的 p 和 q,使得不等式

$$f(p) \leqslant \frac{F(u) - F(v)}{u - v} \leqslant f(q)$$

成立,则称 $F(x)$ 是 $f(x)$ 在区间 I 上的甲函数,$f(x)$ 是 $F(x)$ 在区间 I 上的乙函数。

这就是说,乙函数无非是把中值定理中用导函数表达的等式,放宽成"差商可以控制的不等式"。事实上,如果存在 p、q,使得

$$F'(p) \leqslant F'(\xi) \leqslant F'(q),$$

导函数 $F'(x)$ 就可以看做是乙函数了。因此,所谓乙函数可以认为是导函数的替代物。可是,甲函数的乙函数并不唯一(导函数是唯一的),所以要用乙函数完全取代导函数,还得加上"差商有界"的条件。把这两者合在一起,就意味着这样的乙函数既是连续的也是可导的,即强可导的。因而,对差商有界的乙函数来说,乙函数就是导函数,微分中值定理实际上也是成立的。可贵的是,我们这里没有绕大圈子,而是直接用不等式定义了两个概念,却具有与微分中值定理同样的功能。

那么,第三代的微积分,对我们的中学微积分教学有什么帮助呢?

首先,第三代微积分限制在初等数学范围内,避免了说不清道不明的"极限过程",便于我们把握和理解。

其次,函数的差商可控和差商有界概念的提出,指明了一元微积分学思想体系的精髓所在。把微分中值定理的思想和价值,梳理得更加清楚了。

最后,我们不妨试验一下,在中学里索性只讲初等数学范围内的微积分,干脆不讲极限、无穷小量之类的内容。把它们归到大学去学习。这样可以避免中学微积分和大学微积分之间的重复,避免烧成夹生饭。

俗话说:"给学生一杯水,教师得有一桶水。"多角度地考察,多元化地思考微积分,应该成为新时代教师的数学修养。

(本文是张景中著《直来直去的微积分》一书的代序,该书由科学出版社于 2010 年出版)

速度:理解容易表述难

速度,按说很容易理解。早在儿提时期,就知道"慢慢走"、"快快跑"之类叮嘱的意思。今日之上海,有"姚明的高度、刘翔的速度"之说,人人都懂。可是真的要给速度下定义,却非要用微积分的本源——极限思想不可,这一现象,颇有些出人意料,却也意味深长。

速度有两种:平均速度和瞬时速度。平均速度容易计算。刘翔 110 米栏的 12.88 秒成绩,表示他用 8.54 米/秒的平均速度跑完带栏的 110 米。但是,日常生活里大量使用的却是"瞬时速度"。你要问刘翔在起跑、跨栏、撞线甚至全过程中各个时刻的速度,那是指瞬时速度。假如要考察车 A 从后面赶上另一辆车 B 的一刹那,当然是指 A 车在那一时刻的瞬时速度比 B 快。汽车驾驶员面对的速度表盘,显示的也是瞬时速度,并非哪个时间区段的平均速度。特别是,当汽车驾驶员看到"限速标志 120",自然理解为任何时刻的瞬时速度都不能超过 120 千米/时。

这说明,人能够从生活现实中形成瞬时速度的直觉。但是,细想之下,又发生了如下的"飞矢不动"悖论:一枝射出去的箭,在每个时刻只能在一个地方,所以在这一瞬间里,这枝箭是不动的。同样,在其他时刻,箭只位于另外一个地方,在那一时刻也是不动的。这样一来,射出去的箭就是不动的了。既然在每一时刻都不动,怎么会有某一时刻的瞬时速度呢? 这一悖论的产生,在于孤立地看一个时刻,忽视了每一时刻与前后时刻的关联。《辞海》中"速度"一条的解释是:描写物体位置变化的快慢和方向的物理量。物体的位移和时间之比,成为这段时间内的平均速度。如果这一时间极短(趋向于 0),这一比值的极限就称为物体在该时刻的速度,亦称"瞬时速度"。

这就是说,通常所说的速度就是瞬时速度。瞬时速度,要看作极短时间段的平均速度的极限。至于极限过程,乃是微积分学的核心思想。微分学中的导数概念就是瞬时速度的数学模型。

瞬时速度之所以难于下定义,在于它涉及一个哲学意味的概念:局部。事实上,瞬时速度考察的不是一个个的孤立的时刻,而是将该时刻前后的运动状态联系起来进行分析,即考察一个时刻的局部。一般地说,世间事物的单元并非一个个的孤立的个体的堆砌,而是由许多具有内涵的局部组成。人体由细胞构成,物质由分子构成,地方由乡镇构成,社会由更小的局部——家庭构成。看人,要问他/她的身世、家庭、社会关系,孤立地考察一个人是不行的。微积分正是突破了初等数学"就事论事"、孤立地考察一点、不及周围的静态思考,转而用动态地考察"局部"的思考方法,终于把直觉的瞬时速度,化为可以言传的瞬时速度。

人的直觉是很宝贵的。充分利用瞬时速度的直觉,掌握"局部性"的思维方法,接受以微积分学为代表的数学文明的洗礼,已是现代公民科学素养不可缺少的组成部分。

(本文原刊于 2012 年 6 月 19 日《文汇报》副刊《笔会》)

三角形内角和定理的证明无法绕开平行公理

小学数学并不简单。本刊 2012 年第 6 期，就有马建平和戎松魁两位老师文章，针锋相对地就"三角形内角和为 180 度的证明能否避开平行公理"展开争论。由此可见，小学数学里的数学学术含量并不低。以笔者看来，"小学数学"多年来一直缺乏现代数学观念的引领，不能与时俱进。现行教材中有关分数、运动、角、平行线、面积、体积、方程等等基本概念的阐述，都有许多欠缺，甚至出现错误。晚近以来，小学数学只讲究怎么教，在教学设计上下功夫。至于许多数学概念本质的揭示，则不大关注，总以为小学数学那点事，谁都懂。可是，许多文章一不小心就出错，令人遗憾。

这里不妨举一例：所谓找规律。请看人教版数学教材一年级下册的一页——

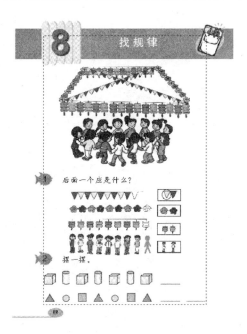

这里的一个"应"字，就是不妥当的。它意味着找的规律只有一种（红黄旗两个一组间隔出现），第一排的第 10 面旗只能是黄色，即

"红、黄、红、黄、红、黄、红、黄、红、<u>黄</u>"。

小学数学界一向认为,此题的答案非"黄"不可,必须让学生无条件地接受"两两间隔"这一规律。这妥当吗?

事实上,我们可以找到许多其他的规律,使得第10面旗是"红":

例1.(9个一组,周期重复)于是第9、第10;第18、第19,连续两面都是红旗:

红、黄、红、黄、红、黄、红、黄、红;**红、黄、红、黄、红、黄、红、黄、红**;红、黄、红、黄、红、黄、红、黄、红;红……

例2.(10个一组,最后两面都是红旗)第9、10、11连续地出现三面红旗,即

红、黄、红、黄、红、黄、红、黄、红、红;**红、黄、红、黄、红、黄、红、黄、红、红**;红、黄、红、黄、红、黄、红、黄、红、红;红……

你能说这不是规律吗?

实际上,找规律问题是一个开放的问题。任何一个有限序列,都可以生成无限多种的规律。认为只有一个规律,推断出"必须是什么?"和"应该是什么?",把开放题封闭成一个唯一答案的题目,在数学上是不对的。

有人说,小学生只能找最简单的一种。多种规律是以后的事情。这可以理解。问题在于,小学数学的大量课件、教师用书,都没有指出这是一个开放性问题。有些文章在讨论重复几次才算"规律",更是误导。

怎么办?只要改一个字:把"后面一个应是什么"的问话改成:"后面一个会是什么"就可以了。"应"和"会"一字之差,意义完全不同。苏步青先生在指导中小学教材编写时,提出"混而不错"的原则。用在找规律的时候是,如果问"会是什么",其答案可以有许多种,其意义比"应是什么"宽泛许多。至于将来在几年级将它当做一个开放性问题来处理,可以讨论,但是必须有这样一步才好。

让我们回到三角形内角和为180度的问题上。马建平和戎松魁两位老师的争论点,在于矩形可否定义为"四个角都是直角的四边形"。马老师认为可以,于是就认为由此可以证明三角形内角和定理,而无需平行公理。戎老师认为不可以,必须用平行四边形定义矩形,由此说明三角形内角和定理不能绕开平行公理。

我认为,两位老师都有对的部分,也有不对的部分。马老师觉得矩形可以定义为"有4个直角的四边形",这是对的。但是,以为由此定义出发,可以避开平行

公理来证明三角形内角和为 180 度,则是错的。戎老师坚持三角形内角和定理的证明必须使用平行公理,这是对的。但是,说矩形不能定义为"有 4 个直角的四边形",则是不对的。

实际上,将矩形定义为"四个角都是直角的四边形",完全可以。"属和种差"式的逻辑定义方法,并没有规定所从属的"属"必须是其外延最相近的。打个比方,要定义"杭州人",可以说成"居住在杭州的中国人",没有错。也就是说,并非一定要把"杭州人"定义为"居住在杭州的浙江人",因为二者是等价的。对于矩形的"4 直角"定义,一旦服从平行公理,就和"有一个角是直角的平行四边形"定义等价(如果没有平行公理,那么两者是不等价的)。

然而,如同马建平老师和许多其他文章所说的那样,可以从"4 个角都是直角的四边形"出发,绕开平行公理就能够直接推出"三角形内角和为 180 度",则是不可能的。理由如下。

依照四个角都是直角的矩形定义,自然得出矩形的内角和是 360 度。这毫无问题。矩形的对角线把矩形分为两个一样的直角三角形,只要运用平移旋转的刚体运动也可以做到。小学生也知道一点平移、旋转、对称,可以直观地接受,严密地逻辑证明需要引用合同公理得出两个三角形三边相等则全等的结论,逻辑上引用就是了。于是,得到了如下的结论:"矩形对角线分成的两个直角三角形,每一个的内角和都是 180 度。"逻辑的正确性到此为止。问题在于,"任意的直角三角形,是不是都能成为某一个矩形用对角线分成的直角三角形"? 这需要证明,不能想当然。马老师即许许多多作者都振振有词地把两者混为一谈,犯了逻辑上的错误。

换句话说,马老师等作者的所谓证明,必须从任意的"直角三角形"出发,作出一个矩形,使其成为该矩形的一半。但是没有平行公理,这是作不出来的。那个貌似正确的三角形内角和证明,这一关过不去,整个证明的逻辑链条就断裂了。

马建平老师可能会说,从已知的直角三角形出发,做一个和自身一样的直角三角形,两者拼起来就将是一个矩形。这是一厢情愿。这样拼起来的四边形只有两个直角;无法证明它有四个直角,除非引进平行公理。

这就是说,想从"矩形有四个直角"作为矩形的定义出发,避开平行公理来证明三角形内角和为 180 度的企图,是决然不可能实现的。

马建平和戎松魁两位老师,还就此事提到"我的课堂我做主"的高度来议论。但是,由上可见,这种所谓"拔高了的教学目标",和"到初中才能学习的"内容,其实是一个错误的论证。

(本文刊于 2012 年 9 月《教学月刊》(小学版))

第二部分
热点评论

　　新世纪的前十年,数学教育在课程改革的大潮中前行。争论不少,看法迥异。这里收入的文字涉及一些热点,也多少有过一点社会反响。有几篇摘自长篇论文,散文味道略显不足。

在"全国学科教师教育论坛"上演讲(2008)

关于数学知识的教育形态

中国数学教育界流传很广的一句话是,给学生一杯水,教师得有一桶水。学富五车的数学家,能够上好数学课的很多,但上不好课的也屡见不鲜。这就是说,即使教师自己有一桶水,甚至一缸水,如果倒不出来也是枉然。

依我看,教师的任务是把知识的学术形态转化为教育形态。教师的一桶水要成为学生的一杯水,不能简单地"倒"出来就行,而是要有一个转化的过程。

教科书里的数学知识,是形式化地摆在那儿的。准确的定义、逻辑地演绎、严密地推理,一个字一个字地线性地印在纸上。这是知识的学术形态,学生比较难懂。有的学生看懂了字面上的意思,甚至题目也会做了,却不知道学这些数学干什么,意义何在,价值在哪儿,学生还没有接触数学知识的教育形态。

这时,教师的作用就显示出来了。差的教师,照本宣科,把书上的内容重复一遍,抄在黑板上,就算"教"过了。好的教师,就不止是讲推理,更要讲道理,把印在书上的数学知识转化为学生容易接受的教育形态。教育形态的数学知识,散发着数学的巨大魅力。教师通过展示数学的美感,体现数学的价值,揭示数学的本质,感染学生,激励学生。这,才是美好的数学教育。

把数学知识转化为教育形态,一是靠对数学的深入理解,二是要借助人文精神的融合。数学理解不深入,心里发虚,讲起课来淡而无味。人文修养不足,只能就事论事,没有文采。深邃的数学文化,结果成了干巴巴的教条,学生学而无趣,最终不得已成了考试的奴隶。

我听过一堂据说得一等奖的"数学公开课",内容是一元一次方程的第一教时。教师在"含有未知数的等式叫做方程"的黑体字上大做文章,反复举例,咬文嚼字地学习,朗朗上口地背诵。其实,方程的这个定义无非是一种描述而已,没有实质性的意义。绝对没有学生因为背不出这句话而学不会"方程"的。这是理解上的问题。

方程的本质,是要求未知数,方法是借助未知数所满足的关系将它找出来。

正像我们要寻找某位不认识的名人，需要请人介绍、拉上关系才行。方程二字，原是中国传统算学的名词，早在《九章算术》里就使用，徐光启、李善兰翻译《几何原本》时也用得很好。鉴于"方程"二字十分妥帖传神，日本的数学名词也用"方程"二字。在这里讲点"闲话"，大概也是将知识转化为教育形态所必须的罢。

多年来，师范大学常常为"师范性"争论不休。我以为，所谓师范性，无非是各课教师都要善于把大学各门数学课中"学术形态"的知识，转化为"教育形态"。师范大学的教师应当成为这种转化工作的模范。如果说，中小学数学教师不善于把数学知识转化为教育形态，大学数学教师也许做得更差。

【后记】 这是一篇旧文，原刊于《数学通报》2001 年第 4 期。数学的学术形态和教育形态的提法，和张景中先生提出的"教育数学"相似。可以说，教育数学就是教育形态的数学。

1980 年代，美国斯坦福大学教授，卡内基教育基金会主席舒尔曼（L. Shulman）提出"教学内容知识"概念（Pedagogical Content Knowledge，简称 PCK），引起巨大反响。简单地说，PCK 是描述如何使用教学手段使得学科的学术内容能够为学生所接受的教学知识。在这个意义上，PCK 也就是学科知识的教育形态。

弗赖登塔尔(1905—1990)

文 2-2

"火热的思考"与"冰冷的美丽"

数学的表现形式比较枯燥,给人一种冰冷的感觉。但是数学思考却是火热的、生动活泼的。如何点燃和激起学生的火热思考,能够欣赏数学的冰冷的美丽,实在是数学教育的一项根本任务。著名数学教育家弗赖登塔尔(Hans Freudenthal)曾经这样描述数学的表达形式:

"没有一种数学的思想,以它被发现时的那个样子公开发表出来。一个问题被解决后,相应地发展为一种形式化技巧,结果把求解过程丢在一边,使得火热的发明变成冰冷的美丽。"

我们在教科书上看到的,某些老师陈述的,往往就是这样一种美丽而冰冷的数学。火热的思考被淹没在形式化的海洋里。对此,本文的作者之一曾经提出,数学教学的目标之一,是要把数学知识的学术形态转化为教育形态。实际上,数学的学术形态通常表现为冰冷的美丽,而数学知识的教育形态正是一种火热的思考。数学教师的任务在于返璞归真,把数学的形式化逻辑链条,恢复为当初数学家发明创新时的火热思考。只有经过思考,才能最后理解这份冰冷的美丽。

【后记】 本文是一篇论文的开场白。原文与王振辉老师合作,发表于《数学教育学报》2001 年第 2 期。冰冷的美丽与火热的思考的说法,现在已经广为使用,至于其来源,当可追溯到 1998 年在法国马赛举行的"数学史与数学教育"的年会。我是会议的参加者,得到一本会议论文集 *History in Mathematics Education*。一个偶然的机会,我注意到书中有弗赖登塔尔的一段话:

"No mathematical idea has ever been published in the way it was discovered.

If a problem has been solved，to turn the solution procedure upside down …，and turn the hot invention into ice beauty."（引自 Hans Freudenthal：*Didactical phenomenology of mathematical structures*．Dordrecht：Reidel．1983）

这就是上述中译引文的来历。

学科教育学是一门独立的"工程性"学科

学科教育,是整个教育理论的一部分。如果说,一般教育学相当于自然科学中的"基础理论",那么学科教育就是一种致力于学科教学实践的"工程性"学科。

众所周知,自然科学技术有两个部分:基础理论研究(如物理学)——科学院的研究任务,以及工程实践研究(如航天工程)——工程院的研究任务。嫦娥奔月工程固然要运用物理学的原理,但是物理学研究不能代替航天工程。航天工程有自己的技术设计理论和施工规范。

与此相似,一般教育学的规律固然能够指导学科教育,却不能代替学科教育。学科教育的主要内容是根据一般教育原理,寻求本学科教学的规律,进行教学设计,进而提出可以操作的、直接可用于课堂教学实践的工作方案,这就相当于完成一项具体任务的工程研究和施工方案。学科教育是一种艺术,也是具有技术性的一门工程性学科,其中的意会性知识,那更是一般教育学规律所无法包含的。

一个不争的事实是,学科的发展总是在细分—整合—细分这样的过程中发展的。当年物理学、化学、生物学等等科学从哲学中独立出来,在继续接受哲学的指导的同时独立进行科学研究,于是又反过来推动哲学的发展,出现了科学哲学这样的新学科。同样,当一般的经济学充分发展之后,又细分出金融学、企业管理、数理经济学等等许多学科,并且在不断地互相影响着。因此,学科教育学一定会遵循一般教育学的规律,却又必然会从一般教育学中分离出来。

【后记】 本文摘自《学科教育:可持续发展的战略重点》一文。该文是 2008 年 4 月在华东师范大学举行的全国《学科教师教育论坛》上的主题文件。学科教育至今不受重视,乃是中国教育事业的缺陷。总有一天,学科教育会走上前台,我们期待着。

"中国学习者悖论"的启示

中国的学科教育,曾经学习日本,借鉴欧美,照搬苏联,在 1960 年代渐渐形成自己的特色。在我国悠久的教育传统影响下,中国的学科教育重视基础,讲究效率,在教育资金匮乏的条件下,语文、数学、科学的教育,能够满足社会发展的需要。在中国经济起飞的过程中,中国劳动力具备了必要的知识和技能基础,功不可没。

1989 年,中国参加了 IAEP 国际调查,13 岁年龄组的数学成绩在 21 个国家和地区中,正确率名列第一。科学成绩由于实验设备的缺乏和教材的差异,居于中流水平。中国中学生在数学、物理学、化学、信息学等国际奥林匹克活动中屡获佳绩,其他的许多小范围国际测试中,中国大陆,以及香港、台湾地区的学生,成绩都普遍优于欧美国家。这一结果引起国外人士的关注。于是形成这样的中国学习者悖论:"为什么华人学习者能够取得优良的学习成绩,但是他们的教学过程却看起来非常陈旧?"(D. Watkins & J. Biggs:*The Chinese Learner*:*Cultural, Psychological and Contextual Influences*. CERC & ACER. Hong Kong. 1996)

IAEP 国际测试最终报告的封面

《中国学习者》一书原著封面

"中国学习者"的研究,理应在中国,总不能让外国人来研究,而中国自己却袖手旁观。中国教育家和学科教育家共同合作,完全应该也一定能够回答这一悖论。

在这一研究中,华人数学教育工作者率先开始行动。

2000年,在东京举行国际数学教育大会,单独设了《华人数学教育论坛》。经过共同探讨,《华人如何学习数学》的专著于2004年在新加坡世界科技出版公司出版(中译本由江苏教育出版社于2005年出版)。

书影3帧

2006年,我国数学教育工作者也出版了研究中国优良传统的著作:《中国数学双基教学》。在这本著作中,提出了"记忆通向理解,速度赢得效率,逻辑保持精确,变式提升练习"等论断,受到第一线数学教师的理解与赞同。

总之,中国的学科教育是有成绩的,问题在于加以科学的总结。这并不意味着中国学科教育没有缺点和弊病。我们需要改革,但不能忽视自己的优良传统。老是批判,没有积累,怎样出现中国的教育家?

应该看到,在目前的教育研究(包括学科教育研究)中,西方学者掌握着话语权。中国教育学者应该有志气、有能力,努力形成具有"源于中国问题、提炼中国经验、达成全球共识"的研究优势,使得中国教育走向世界。学科教育是一个很好的切入点。理由很简单:中国学生的数学成绩在世界居于前列,基础学科的学习成绩,支持了中国的经济起飞。这是国际教育界的共识。

【后记】 本文也是全国《学科教师教育论坛》主题文件中的一部分。2003 年,我应邀访问香港大学,在港大书店里买了威特金斯(D. Watkins)和比格斯(J. Biggs)的这本书,连夜读起来,感慨良多。此后我多次引用,国内许多专家如郑毓信先生等也注意到了,渐渐广为人知。其实,该书并非专指数学教育,而是泛指一般教育。可是国内的教育界和心理学界似乎不大关心,未见有何反应。

文 2-5

当心"去数学化"

临近发稿,适逢项武义教授来访。座谈中提到数学教育中有"去数学化"的倾向。细细想来,觉得颇"切中时弊"。

数学教育,自然是以"数学"内容为核心。数学课堂教学的优劣,自然应该以学生是否能学好"数学"为依归。也就是说,教育手段必须为数学内容服务。可惜的是,这样的常识,近来似乎不再正确了。君不见,评论一

在香港科技大学对项武义先生访谈(2002)

堂课的优劣,只问教师是否创设了现实情景? 学生是否自主探究? 气氛是否活跃? 是否分小组活动? 用了多媒体没有? 至于数学内容,反倒可有可无起来。

再看看一些数学教育研究文章,尤其是一些高档的学位论文,数学几乎看不见了。通篇是教育学心理学的语汇,究其结果,无非是为某教育理论的正确做一个"数学注解",涂了点"数学"的油彩而已。当大批的数学教育博士的数学水平低下,却处于数学教育的领导岗位,掌握着数学教育的命脉,那是很可怕的事情。"去数学化",已经成为一种潮流。

"去数学化",会危及数学教育的生命。数学教育倘若不能对一般教育提供特定的规律性认识,数学教育学科就没有独立存在的价值。实际上,数学教学设计的核心是如何体现"数学的本质"、"返璞归真",呈现数学特有的"教育形态",使得学生高效率、高质量地领会和体验数学的价值和魅力。离开自己的实践,将会一事无成。"多一些数学本质的探究,少一些空洞的说教",学生幸甚,学校幸甚。数学教育啊,可否坚强些? 硬朗些?

(本文原刊于《数学教学》2005 年第 6 期)

遵守约定与自主创新

现在一谈创新,就拿"诺贝尔奖"说事。把中国本土的科学工作没有获得诺奖,怪罪于基础教育不讲创新,说"中国基础教育已经输在起跑线了"。

按这种说法,每个学生的创新,都必须按照诺贝尔奖获得者的模式进行。教育目标应当是"人人都成爱因斯坦"了。

神七航行圆满成功,举国欢腾。那么航天员如何创新?

航天员手中不断翻阅的那份"指令手册",引起了人们的注意。在航行过程中,航天员的任务就是一丝不苟地遵守手册里的约定,不允许自由发挥。因此,遵守约定,乃是一种严谨的态度,科学的精神,解决问题的能力。

航天员的指令手册

然而约定是哪里来的呢? 形成一个合理的约定,是无数成功的经验与失败的教训的结晶,凝聚了航天人的心血。总之,那是无数航天专家、航天工程师,包括航天员在内自主创新的结果。

约定无处不在。国家法律,社会礼仪,交通规则,厂规乡约,乃至吃饭穿衣,都得遵循。作为普通公民,一般不必了解其形成过程,只要学会遵循罢了。如果是社会的领导人员,知识分子,要适当地了解其大体形成过程。只有那些该领域的专家,才需要知道其全过程。即使是专家,一旦越出本人的研究领域,他依然是一个遵守约定的、不大知道形成过程的普通人士。诺贝尔奖获得者,开车时未必知道"交通规则"的形成过程。

数学中有大量的约定性知识。概念形成,名词选择,方式表述,猜想形成,定理证明,规则构作,公式形成等等,都是前人的自主创新的成果。经过不断地总结、归纳,去粗取精,形成了数学运算法则,求解公式,解题规范等等。数学教学要求学生按照规定操作，一步步地解题，好像遵循一些指令，是一种基本能力。现在，强调数学教学不能死记硬背，需要知道一些数学知识的发生过程，是必要的。但是，似乎不能过头。至于要求每堂课都要有"过程性"目标，每项知识都要知道其发生过程，是否必要，又是否做得到？需要辩证地思考。

事实上，学会遵守约定，是人生的大部分。创新精神，人人都要，但是创新只能是个人生涯中的小部分。

那么，航天员的创新在哪里？正是由于他们的不断地、反复地、一丝不苟地操作，形成了熟练的技能，终于能够体会出航天设计中的成功与不足，向航天工程提出独到精辟的见解。熟练技能，产生创新体验，即熟能生巧，别人无法替代。

航天员的执行在先，创新在后，可以说是熟能生巧式的创新。

从中国制造到中国创造，除了全新的设计之外，在于成熟的工艺，以及工人熟练的技能。许多操作工的经验是"只能意会却难以言传"的。大量积累这种创新，乃是国家之本。

【后记】 打好基础与创新的关系，是近来学术争论的一个热点。《人民教育》2010年10月号热点与争鸣的话题是"数学教育，重基础还是重创新"。笔者作为论争的一方，发表了《寻求基础与创新的平衡》一文。本文是该文的摘录。

数学教育的德育功能

学校里,课堂教学是实施教育的主渠道,德育自然也要借助各门学科的教学进行实施。社会科学的德育内涵比较明显,知识和品德的融合相对较为容易。至于自然科学的各门学科,由于反映的是大自然的客观规律,而规律本身没有阶级性,也不因民族的不同,国家的差异,人品的高下,而有任何的区别。因此,自然科学学科进行德育的途径比较少。但是,自然科学也是人创造出来的意识形态,必然会打上社会的烙印。同时,教师和学生都是社会的一分子,如何理解科学、运用科学、欣赏科学,依然具有人文色彩,自然科学同样可以作为思想品德教育的有效载体。实际上,当我们品味出自然科学中人文精神的底蕴,触摸到科学人物的情感、操行、思想和精神,并与之在思想上、精神上进行交流与汇合的时候,就会感召我们的心灵、激励我们的行动。此时,学生的人文感怀也就油然而生。

数学是学校中的主课之一,通过数学教学渗透德育,开发数学学科德育功能,十分重要。以下以最为抽象、似乎离开德育最远的数学学科为例,尝试构建数学学科德育的框架:

一个基点:热爱数学。

三个维度:人文精神,科学素养,道德品质。

六个层次:(按数学本身,逐步和数学以外领域的联系紧密程度排列)

第一层次:数学本身的文化内涵,以优秀的数学文化感染学生;

第二层次:数学内容的美学价值,以特有的数学美陶冶学生;

第三层次:数学课题的历史背景,以丰富的数学发展史激励学生;

第四层次:数学体系的辩证因素,以科学的数学观指导学生;

第五层次:数学周围的社会主义现实,以昂扬的斗志鼓舞学生;

第六层次:数学教学的课堂环境,以优良的课堂文化塑造学生。

上述的一个基点、三个维度,以及六个层次,着眼于对我国长期坚持数学学科德育的总结。

【后记】 本文摘自《数学学科教育——新视角新案例》(高等教育出版社，2008)。数学德育如何进行，未见专著。此为首创，这里陈述的是全书的纲要。

李秉彝先生访问上海的观感和一则寓言

2005年,新加坡教育学院有一个代表团访华。我的老朋友李秉彝先生是负责人。访问之后,他给我发来的《观感》里这样写着:

上海的老师们强调心算。教师要求学生站起来回答问题。因此,学生在回答问题时不得不用心算。教师同样强调要完整地给出答案,而且完整地写下来。如果不完整,教师要学生不断地重复,直到完全正确为止。教师充分地使用教学材料。备课并没有使他们感到劳累,有充沛精力在课堂上进行讲授。

小学和中学的课堂教学有很大差别。小学里很注重动手做,但是时间都不长,很快就达到抽象水平。因此,他们能很快适应中学的学习层次。

人家觉得我们具有优势的地方,自己却不当一回事。"扬长补短",是数学教学改革应该遵循的原则。近年来,揭短、批短、避短,做得很凶,至于扬长,未免太少了。

李秉彝先生还告诉我下列的寓言。非洲一个民族,一向居住在一种草木屋内,晚上燃火照明。后来,"文明人"来了,告诉他们电灯比他们燃火照明要好得多。于是,所有的草屋都装了电灯。一年之后,所有的草木屋都轰然倒塌了。

原因何在?原来每天燃火时会冒烟,烟把各种昆虫赶出屋外。现在使用电灯,没有烟薰,昆虫大量繁殖。屋顶被昆虫蛀坏,木屋终于倒塌。

寓言告诉我们,那个非洲民族原来的生活方式,尽管原始,却是十分和谐的。电灯当然更为先进、文明。但是先进的技术引进来,必须和原来的环境相适应。要用好电灯,则必须采取防虫、除虫措施。不然,好事会办成坏事。正如电灯之于木屋,西方的教育理念也许很先进,但是未必都适合现代的中国。至于西方的有些理念,本来就未必十分科学,我们更应该仔细分析,有所选择。

访问新加坡南洋理工大学与李秉彝合影
(1995)

清代考据文化对现代数学教育的影响

清代中期以来，文字狱盛行。知识分子不得已钻到"故纸堆"里，以考证、训诂的方法做学问。至于经世致用等国家大事，一律免谈。于是以戴震（戴东原，1724—1777）为首的考据学派在学术界占统治地位，其治学方法重实证，讲究逻辑推理，因而贴近数学。清末以来的学术界崇尚"严谨治学"的文化氛围，恰与西方数学要求严密逻辑推理的层面相吻合。此外，考据学派对中国传统算学有重要贡献，其中许多人（如戴震、阮元）本身就是算学家。考据和数学联姻，并非偶然。

戴震画像

然而，考据文化是一柄双刃剑。乾嘉考据学派重考证，复周秦之古，崇尚客观的演绎论证，有利于数学中使用逻辑方法。但在数学发现、探索、创造等方面又给中国数学教育带来负面的影响。例如，五四运动时期的胡适，就把考据当作科学。他在《几个反理学的思想家》一文中说：

"这个时代是一个考证学昌明的时代，是一个科学的时代。戴氏是一个科学家，他长于算学，精于考据，他的治学方法最精密，故能用这个时代的科学精神到哲学上去，教人处处用心知之明去剖析事物，寻求事物的条则。他的哲学是科学精神的哲学。"

清代考据学派发扬了严谨治学、探精求微的学术传统，使得"数学＝逻辑"的思潮应运而起。郑毓信教授曾经与笔者探讨："中国传统文化对西方数学是同化，还是顺应呢？"我的看法是，中国的儒家文化和考据文化把西方的逻辑推理部分同化过来，但在顺应西方数学的创造层面，则似乎做得不够。

（本文摘自"中华文化对今日数学教育之影响"，载《基础教育学报》（香港），2007 年第 16 卷第 1 期）

文 2-10

从北洋水师战败想到应试教育的危害

《历史不忍细看》①一书中提到，1894年甲午兵败是因为"开枪不瞄准"。当时清兵每仗争先恐后放枪，放完就撤退。到了1900年的义和团时期，万名清兵攻不下一座外国使馆。一位外国记者这样记述："使馆只见弹飞如雨，很少伤到人。"原来，清兵只管放枪，把子弹打完算数，好像在放炮仗。这段历史，现在读来，仍然令人哭笑不得，又感慨万分。试问：会装子弹会开枪，就算掌握了洋枪洋炮么？

由此想到数学教学，不免产生一种忧虑。我们的学生，会做许多题目。据说教师要求学生，对于高考题必须"一看就会，一做就对"。至于问为什么做这些题目，则不知道。仔细想想，这和"放枪不瞄准"似乎很有些相像。

近来，又读到更深刻揭示甲午战争失败原由的文章②，触动更大。

北洋水师拥有"硬件"上的军事技术优势，特别是"定远"、"镇远"号的厚装甲、大口径火炮和大吨位的战列舰装备优于日本，但最后被日军击败。原因在于北洋水师首要的技术缺陷是武器操作技术拙劣；用舰炮和鱼雷射击不准。

这里先引用该文中的几段论述：

黄海海战爆发时，北洋水师"定远"和"镇远"号用主炮射程远的优势，在距日舰5200—5300米处率先开炮，但是第一轮炮击无一击中日舰，"先发制人"完全落空，火炮射程远的优势未能得到体现。据统计，在5个小时的黄海海战中，北洋水师用305毫米口径舰炮发射了197发钢弹，其中"定远"四门主炮发射120次，"镇远"四门主炮发射77次，平均每门24.62发，相当于日舰主力舰平均每门主炮发射次数的5.68倍，但只有10发命中目标；其他各种口径舰炮发射的482发炮弹，只有58发击中日舰。

黄海海战，北洋水师有两艘鱼雷艇参战，但是鱼雷攻击同样不准，发射的5枚

---

① 中国散文学会.历史不忍细看.郑州：河南文艺出版社,2007.
② 游战红.北洋水师失败之技术思考.科学,2008,7:40.

鱼雷,无一命中。相比之下,此战中日本联合舰队用鱼雷击中"致远"。加速了"致远"的沉没;威海卫保卫战中,日军鱼雷艇多次夜间偷袭,击中"定远"、"来远"、"威远"、"宝筏",使其丧失战斗力。

可是,北洋水师平时进行军事演习时,无论是用舰炮还是用鱼雷进行实弹射击,都能在行进间击中目标。李鸿章在光绪十七年(1891)五月初四上奏的《巡阅海军竣事折》中写道:"四月二十一日,开赴大连湾,北洋各舰沿途分行布阵,奇正相生,进止有节。夜以鱼雷六艇,试演泰西袭营阵法,兵舰整备御敌攻守,并极灵捷,颇具西法之妙。次日,驶往三山岛,调集各舰,鱼贯打靶,能于驶行之际命中及远。旋以三铁舰、四快船、六雷艇演放鱼雷,均能中靶。"

为什么炮手和鱼雷手在实战中就射击不准了呢?"来远"舰帮带大副张哲潆痛感海军训练不精:"我军无事之秋,多尚虚文,未尝讲求战事。在防操练,不过故事虚行。故一旦军兴,同无把握。虽执事所司,未谙款窍,临敌贻误自多。平日操演炮靶、雷靶,惟船动而靶不动,兵勇练惯,及临敌时命中自难。虽添数倍船炮,安得幸邀胜仗耳。"海军守备官高承锡也痛陈打靶训练之弊端:"水师打靶,不可仍照先前定例,预量码数,设置浮标。遵标行驶,码数已知,放固易中,实属无益。"

这段历史记载,道出了训练时的问题所在:"船动靶不动"、"预量码数,设置浮标"。于是能够百发百中,好消息的奏折直上最高当局。

应该说,虽然靶不动,要在行进中发射鱼雷击中靶舰也绝非易事。官兵的训练也一定不会很轻松。重要的是,北洋水师官兵的演习考试"过关了",国家的训练要求达到了。李鸿章当时上奏朝廷,一定皆大欢喜。这和后来的战败,形成了鲜明的对照。

现在来说应试教育。以数学为例,要在 120 分钟里完成 20 多道题目,没有繁重的解题训练,具备记忆、表达、问题解决的能力是绝对拿不到高分的。所以说,应试也是一种能力。

问题在于这种应试能力是并不能等同于创新能力,而未来一代人的创新人才,是国家竞争的决定力量。这种真刀真枪的实战能力,是限时限刻的笔试所考不出来的。它有缺陷,高分未必高能,以为高考分数"神圣得很",得了高分就洋洋得意,实在是要不得的。

甲午战争的失败,更使我们对那种虽然也是能力,却有"花架子"之嫌的"应试能力",保持清醒的认识。

事实上,应试的题目,是有范围的,年年稳定的,题型是基本不动的,创新是不能超出"课程标准"的。这样一来,就和当年清兵"船动靶不动","预量码数,设置浮标",颇为类似了。

"放枪不瞄准",在 100 多年前,大约也屡见不鲜,只是在痛定思痛的时候,才不忍细看。今天看来多么冠冕堂皇的应试教育,将来也许会像"放枪不瞄准"、"预量码数,设置浮标"一样令人遗憾万分。

(本文原载于《教育参考》(上海)2008 年第 12 期)

研究"数学双基教学"的心路历程

1958 年的"大跃进"以及后来"文革"中的那种"极左"的教育革命,我是亲历的。因而知道凡是忽视"双基",必然要受到惩罚,最后不得不走回头路。

1980 年代,拨乱反正之后,应试教育抬头。考试题目只能评价"双基"的掌握情况,致使双基产生一定异化。国家实行改革开放政策以后,我走出国门,试图借用国外的数学教育经验改革应试教育。

1990 年代,国家提出素质教育,克服应试教育的弊端。于是认为"数学双基教学"应该改革,将之提升为数学素质教育,加强数学应用,不要过度形式化,把学习主动权还给学生。

跨入 21 世纪,创新成为教育的一支主旋律。"双基"再次成为讨伐的对象。诸如"基础过剩"论,"输在起跑线上"论,"追求双基危害创新"论等等,不一而足。想想也有道理,要创新老是打基础怎么行? 2001 年,我在《数学教学》第 6 期的编后就曾写道,要把"老双基"抛弃掉,创立"新双基"。

2002 年,严士健先生和我在主持《国家高中数学课程标准》研制的时候,大家仍然主张改造"双基教学"。终于有一天,在汇报会上,一位教育家严厉指出:"必须和旧的传统决裂。中国拨乱反正之后是回到 1960 年代。那时候全盘照搬苏联的凯洛夫教育学,而凯洛夫教育学是大工业流水线式的教育学说,教师中心,知识中心,课堂中心,必须彻底决裂。"由于一时在理论上说不出"双基"的价值,我无法与之进一步交锋。但是,这句话,深深触动了我,激发了我研究"数学双基"的决心。激烈的争论和思想碰撞使我想起一些往事:

- 1991 年,人民教育出版社的刘远图先生送我一本 IAEP 国际测试的报告,中国大陆 13 岁的学生在测试中名列第一;
- 1998 年,在香港大学买到 Biggs 等的著作,书中提出了"中国学习者悖论";
- 2000 年,在日本参加国际数学教育大会,大家都在谈论马立平的著作。她通过科学地论证,认为中国小学数学教师的数学理解优于美国同行。

这使我感觉到,中国数学教学有自己的长处,不可一笔抹杀。在《国家高中数学课程标准(实验稿)》研制过程中,研制组的同仁具有共识,所以在该《标准》中这样提到:

与时俱进地认识"双基"

我国的数学教学具有重视基础知识教学、基本技能训练和能力培养的传统,新世纪的高中数学课程应发扬这种传统。与此同时,随着时代的发展,特别是数学的广泛应用、计算机技术和现代信息技术的发展,数学课程设置和实施应重新审视基础知识、基本技能和能力的内涵,形成符合时代要求的新的"双基"。例如,为了适应信息时代发展的需要,高中数学课程应增加算法的内容,把最基本的数据处理、统计知识等作为新的数学基础知识和基本技能;同时,应删减繁琐的计算、人为技巧化的难题和过分强调细枝末节的内容,克服"双基异化"的倾向。

2002 年,全国的许多数学教育专家到苏州大学参加以"双基数学教学"为主题的"高级研讨班"。根据大家研讨的成果,2004 年夏天,我和戴再平教授一起,在哥本哈根举行的国际数学教育大会上做 45 分钟报告,题目是"数学双基教学与开放题教学在中国"。提出了四项特征:记忆通向理解,速度赢得效率,逻辑保证精确,变式提升练习。

2004 年底,又一个以数学双基教学为主题的高级研讨班在南宁举行。许多专家到会,章建跃、郑毓信、邱学华、涂荣豹、田载今、鲍建生、喻平等贡献了许多很重要的意见。

数学双基教学的定位,是一个首先要碰到的问题。我觉得,数学双基的涵义就是"数学基本知识和基本技能",这不必也不能更改。但是,"数学双基教学"作为一个特定的名词,其内涵不只限于双基本身,还包括在数学"双基"之上的发展。启发式、精讲多练、变式练习、提炼数学思想方法等,都属于"发展"的层面,却又和"数学双基"密切相关。因此,中国双基数学教学,是关于如何在"双基"基础上谋求学生发展的教学理论。这一界定,大家表示可以接受。章建跃同志提出"数学双基"应该发展为四基(增加基本能力和基本态度)。

2005 年,"双基"研究进入教学实践环节。当时,宁波教育学院根据宁波市教委组织的"教授级数学教师研修班",约请我去主持。于是,我就把"双基"研究作为研修的主题,请第一线的老师来谈双基。研修班每一个学员都贡献了自己的思考,使得数学双基研究从一般理论思考深入到课堂教学实践,"双基基桩—双基模块—双基平台"的教学结构,成为人们可以捉摸和操作的模式。"双基"不再只是理念和口号。这些成果构成了《中国数学双基教学》一书,2006 年由上海教育出版社出版。

2008 年,我和上海的陈永明先生,南汇的傅洪海等继续研究,遂有《数学双基教学的理论与实践》一书在广西教育出版社出版。

研究数学双基教学,不能抱残守缺,必须与时俱进。2006 年年底,史宁中教授在宁波对我谈到,双基要增加基本思想方法和基本数学经验,即成为"四基",并写入国家数学课程标准。对于"双基"向"四基"发展,我非常赞成,并立即投入研究。

我和林永伟合作率先在《数学教育学报》2008 年第 2 期上发表"关于现实数学和数学现实"一文,随后又和香港教育学院的郑振初博士发表"四基教学模块的构建——兼谈数学思想方法的教学"(《数学教育学报》2011 年第 5 期),算是对"数学四基教学"研究的积极响应。

右图是数学四基教学的一个示意图。

【说明】"数学四基"并非孤立地存在着,而是互相链接,形成你中有我、我中有你的交错局面。"四基"的基本形式是一个 3 维的模块。学生头脑里的数学大厦,是在一个个的基础模块之上建立起来的。

数学"四基"教学示意图

第一维度,基本数学知识的积累过程;

第二维度,基本数学技能的演练过程;

第三维度,基本数学思想方法的形成过程。

这样一来,"四基"中前"三基"就已经形成了一个 3 维的"数学基础模块"。至于第四个"基本"——基本数学活动经验本身并不构成一个单独的维度,而是充填在 3 维模块中间的粘合剂。事实上,数学教学是数学活动的教学。学生通过无处不在的基本数学活动获得的经验,与数学基本知识、基本技能、基本思想方法交织在一起,渗透在整体数学学习过程之中。

("数学双基教学"是一个有争议的话题,我作为争论的一方,写了以上的文字以供评议)

第三部分
域外见闻

　　退休之后，正式的出访停止，但仍有机会到域外旅行。域外包括香港、澳门。这里的游记和见闻到 2007 年为止。此后健康所限，已不能外出了。

与韩国崔英翰教授在大田访问古迹（2004）

比佛学院印象

去过美国的许多大学,但到一所只授学士、硕士学位的学院访问还是第一次。比佛学院(Beaver College)位于费城西北。这是一所私立学院,小巧精致,风景优美,学费较一般公立大学要贵许多。由于限制入学人数(每年约 500 名新生),所以学生要进比佛学院也不容易。整个学院没有华裔教授。

受数学系主任朱德明教授的委托来比佛。按校际交流计划,原只准备讲演两次,一次是数学教育,一次是高等微积分。伏利德(L. Friedler)教授到机场把日程表交给我,看了吓一跳。除了在数学系活动之外,还要到"国际政治"课、"国际和平与冲突化解"课、以及"亚洲历史"课上做客。教授说了几句开场白,接着就是要我回答学生提出的问题。很自然,WTO、台湾局势、法轮功等都是热门话题。我发表了意见,学生们都是尊重的,并无不愉快事情发生。学生都知道"Taiwan is a part of China"。谈到 WTO 导致好莱坞大片进中国,学生说好莱坞片没有《卧虎藏龙》好,中国何必进呢? 年轻学生关心中国经济发展了,会不会发展"导弹",对邻国构成威胁。至于法轮功则知之甚少。好在这些问题都是常识,回答并不困难。

两周的活动排得很满。院长、副院长,政治系、教育系、数学系主任和教授轮番请客,交换各种看法。附近有一所全美学院中排名第一的"斯沃斯莫尔学院"(Swarthmore College),也应邀去那里的数学系作了交流演讲。当时有来自上海中学和外国语学院的两名大陆学生来听讲(她们学经济,选修数学)总算有机会说了几句中文。这里的学费每年 33 000 美元,相当于一个刚毕业数学博士的年薪,一般人没法付得起。当然有各种各样的奖学金。

由于我正在负责我国高中数学课程标准的制定,关心美国的数学教育,所以抽空还到两所中学参观。美国学生的计算能力实在不敢恭维。那天听 10 年级学生的关于"一元二次方程"的课,用高楼上放烟火时烟花以抛物线飞行为例做题目。问题倒是不错,学生计算则一律用计算器。65 除以 2,也用计算器算得 32.5,

至于分数，他们是尽量避免的，因为算不来。

比佛学院的校舍多为古色古香的城堡式，里面是法国式装潢。学校没有招待所之类，于是下榻于 Germantown 小镇上的 Chestnut Hill Hotel。小镇是南北战争时的战略要地，现在仍然保持古朴的外貌，没有高楼。旅馆是老式民居，一幢小楼四个房间，设备不错，打了折扣还要 94 美元一天。

明年 5 月，比佛学院将派 10 名学生和 3 位教授来华东师大回访，希望和师大的同学及早用 Email 联系。总之，加强中美学生和教授间的民间交往，将是一件很重要的事。我想中国在新世纪将更多地参与国际事务，加入地球村，我们大学生也应当有更强的国际意识才好。

比佛学院后来改称阿卡迪亚大学. 2007 年 8 月 5 日我旧地重访. 与伏利德（右四）教授，张文耀教授（右一）等合影

（2001 年 2 月 12 日写于旅馆）

访韩归来

2004 年金秋十月，我第二次去韩国访问。这次是参加韩国数学教育协会的"创造与发展——国际数学教育研讨会"，应邀在那里作一小时的演讲。

会议的地址在大田市。我以前只知道韩国的汉城（首尔）、釜山。实际上，大田才是韩国的科学研究中心，以及军事研究中心。今后韩国的新首都，就在大田附近。会场设在韩国科学技术院（KAIST）内，茵茵芳草中几幢白色的建筑，幽雅宁静。

韩国数学教育协会，每年举行夏季和冬季年会，参加人数上千人。这种小型研讨会，规模在百人上下。今次研讨的主题是"创造与发展（Creativity and Development）"。会议的准备相当充分。我的英文演讲稿在 8 月就送达，发表在《韩国数学教育协会会刊》上，于是同步翻译的韩文译文也发到每个人手上。同样，我演讲用的"幻灯片"，也有翻译，演讲时英文、韩文同步播放。这种"以本国听众为本"，讲究实效的做法，值得我们在组织国际会议时借鉴。

开头是澳大利亚应用数学教授 J·唐纳森作演讲，主题是"数学教育中的建模"。他认为，数学的价值，归根结底要通过实际应用推动社会的发展与进步。伟大数学家阿基米德、牛顿、冯·诺伊曼等具有极高的纯粹数学思维能力，但是他们对人类的贡献是集中在数学的应用，用微积分发展力学，用数学方法设计电子计算机，影响人类文明的进程。

唐纳森教授引用美国国家科学研究委员会数学科学教育研究部的报告说，未来"需要发展能反映数学活力的想象项目、数学应用，以及在 21 世纪数学课程中采用创造性的教学"。一个数学创造性的定义是，在形成、分析和运用数学模型的过程中，体现理解、直觉、观念、推广等的相互作用。

唐纳森教授还用音乐、体育、美术等例子阐述数学建模在创新教育中的价值。实际上，数学问题中有许多是可以按部就班、程式化地进行模仿的。但是数学建模则需要因时因地，根据不同的要求进行创造性的设计。通过唐纳森教授的讲演,我以为,中国数学教育中对数学建模的重视程度,仍然有待加强。考试题目中的应用成分,只是一点毛毛雨,实在不能消除"旱情"。

在韩国学者的报告中,也很强调创造性的培养。一个特别的报告是折纸。报告人发给听众一长条纸,用它可以叠出正六边形、正五边形,学生从中研究角度之间的关系,以及其他种种变化。我想,折纸中的几何探究,是一种"廉价"的数学活动平台,也是一种建模。另外有一篇论文引起我的注意。文中用"数学开放题"检测日常教学中的普通生和优秀生的差别,发现通常所说的数学优秀生在回答开放题时,有时反不及普通生来得好。由此想到,我们倡导的考试公平,在分数面前是人人平等的。但是,在命题上也许是不公平的。具有创新能力的学生,往往得不到充分评价,只便宜了那些能够做常规题目,而且快速反应的学生。

我是最后一个发言。题目是"中国的数学双基教学和开放题教学"。我和戴再平教授曾在今年7月在国际数学教育大会上,以此为题作45分钟演讲。当时,韩国数学教育协会的前会长崔英翰教授也来了。听完后觉得很好,就叫我到韩国再讲一次。我做了新的加工,重点讲"双基"的四个维度和四个原则,试图给我国的"双基"增加一些理论色彩。它们是:

计算速度:速度赢得效率。速度可以节约解决数学问题的"思维工作空间"。

准确记忆:记忆通向理解。必要的记忆是理解的基础。例如负负得正这样的规则,先记忆后理解。

逻辑表达:逻辑保证精确。精确的逻辑表示是数学的核心价值之一。但是,形式化的逻辑需要用非形式化的方法加以理解,逐步达到形式化。

重复演练:复式提升练习。没有重复便没有技能,但是重复需要多种变化,如概念变式、程序变式等等。

"双基"教学是中国数学教育的特色,需要总结。但是"双基"更需要发展,基础必须和创造相结合。于是我采用戴再平教授倡导的"数学开放题"教学作为例子,说明基础和创新的有机结合是未来数学教育的出路。中国式的开放题,如浙江的"钟面问题",上海的"简单邮路问题",已在国际上知名。尤其是,数学开放题进入中国的高考和中考,在世界上少有先例。如何对开放题进行评分,更是大家关注的焦点。中国数学教育工作者在这方面的研究具有世界水准,值得继续深入。

韩国和中国都有"儒家"文化传统。在参观一所道观的时候,我注意到中间供奉着道教始祖"老子",右边供奉韩国的开国君王,左边则是孔夫子的牌位。相近文化渊源导致许多相似的教育现象,例如,高考竞争,沉重的学业压力,数学的题海教学都是。

在演讲结束,我报告一个消息:《华人如何学习数学(How Chinese Learn Mathematics)》的英文著作在新加坡出版。这是中国人自己研究中国数学教育的第一本英文著作,作者是来自中国(大陆、香港、台湾)、美国、新加坡等地华人学者。本书的目的是解决一个悖论:"为什么中国学生在国际数学竞赛和数学测试中成绩优良,但总是说中国的数学教学落后呢?"事实上,中国数学教育具有自己的特色,且有一些是西方所不具备的。

由此我向韩国朋友说,如果还有《韩国人如何学习数学》、《日本人如何学习数学》等著作出版,亚洲的数学教育也许能够作出自己的贡献。过去100年来,我们总是做学生,向西方学习。现在,我们也许应该努力研究,在某些问题上做一回老师,或者至少是平等地讨论。

这次的会议只有一天。各地的学者星期五晚间到达大田,星期六一天会议结束,星期天回家,不耽误工作。会议安排十分紧凑,每人演讲按程序表进行,分秒不差。

上海到韩国清州(Cheongju)有东方航空公司的直达航线。崔英翰教授从大田送我到机场,为时30分钟,飞行一个半小时之后,回到上海浦东国际机场。

与韩国国家教育大学的申炫容教授合影(2004)

香港五日行

7月6—8日,我应邀出席"香港数学会2005年会"。5日经深圳,由荔园小学魏彬老师陪同过关,顺利到达位于大埔的香港教育学院。此后的三天,便在风光旖旎的海滨度过。会议日程紧张,大会套小会,没有旅游、文艺活动。

10个大会报告,是这次会议的主要内容。我觉得安排得相当丰富,有效。

第一个报告是英国伦敦大学的M·布朗教授。她的演讲,报告了"为什么英国儿童数学成绩较差原因分析"的结果。报告动用了国际调查的各种数据,剖析了各种原因。可惜,她的结论是原因太多,无法确定哪种原因是最主要的。相对来说,她依然认为,教学风格对学生的影响最重要。

香港大学莫雅慈博士的演讲题目是"从上海的三堂课看华人如何学数学"。她认为,文化传统是影响华人学习数学的主要因素。从外部看,香港和上海的数学教学差不多。但是,从华人内部的角度看,细节的差异很大。不过,她认为,上海和香港的数学教学风格各有特点,都好。

香港中文大学黄毅英博士的演讲,涉及近几年来世界各国的数学课程改革。内容广泛。他列举了在各国数学课程标准中出现的特别词汇有:"高级思维"、"通用技能"、"价值"、"现实生活数学"、"兴趣、自信和态度"、"个别差异"、"信息技术"。这一简单的列举,描述了21世纪数学课程改革的一种时尚。

香港大学梁贯成和韩国Hongik大学的朴昊美(Kunmee Park)两位名家合作,就"东亚数学教学是否存在着特征"为题,运用TIMSS的教学录像资料进行分析。他们的结论是,东亚国家确实有一些共同特征:例如,教师在课堂上处于控制地位,而学生仍然积极学习;探索数学、强调变式等。他们对变式教学给予很高评价。

有两位报告人来自台湾地区。台湾师大的著名数学史教授洪万生报告:许多中学教师,在他组织数学史讨论班上,如何加强了数学教师的职业发展。台湾中山大学的梁淑坤教授则报告了如何运用网络,培训教师的经验。这种培训在职教师的经验,值得我们学习。

中国数学教育界的老朋友贝克(J. P. Becker),目前在台北师范学院和黄幸美教授合作进行"开放题研究"。他在会上报告了一些新开发的数学开放题。

由大陆去美国的数学教育专家蔡金法和马立平也到会演讲。特拉华大学教授蔡金法报告了他在美国

与萧文强、黄毅英合影于香港大学

进行"有效数学教学"研究的成果。这是我特别感兴趣的。不过,他的研究倾向于从一般教育的角度加以阐述。例如,如何制定学习目标,教师如何发挥作用等等。我则觉得数学教学的有效性,关键在对于数学本质的把握、揭示与体验。

马立平博士,因她的成名著作(已经发行5万册)蜚声海内外。我们早就互相知道,却在香港才第一次见面。她在大会的演讲题目是"美国小学数学教学内容体系瓦解三部曲"。报告认为,通过杜威的进步教育,新数学运动,以及1980年代的改革,"算术"体系瓦解,知识呈现"股状化",这使得美国数学教育事倍功半,甚至劳而无功。演讲的最后,她说:"至少在小学教学领域,美国的模式未必合理,望国内和国外的同行三思。"我们彼此的感觉是"道相同"。

我是唯一来自大陆的演讲者。由于视角不同,演讲的内容也比较特别。我首先简单地介绍了今年在课程标准上出现的论战。然后重点谈"数学教学中如何呈现数学本质"。演讲用16个例子说明,怎样做可以呈现数学本质,如何做则淹没了数学本质。我还着重对近年来过度追求表面热闹,而忽视数学本质的倾向进行了评述。原以为,这种观点,在香港也许不大容易接受,结果却得到相当的重视,至少是一种不大听到的"新"的声音。

9日搭快船去澳门,结束了香港行。

(原载于《数学教学》2005年第8期)

澳门数学教育观感

2003 年 12 月 12 日,我和戴再平教授等一行 7 人访问澳门。这次是应澳门数学教育研究会汪甄南会长的邀请,以开放题教学研究为主题,进行研讨和上课展示。我已经是第六次到澳门,这次又趁机访问了一些学校。总的感觉是,澳门是一个多元化社会,数学教育也呈现多元化,因而会有我们看不到和想不到的一些教育特点,值得借鉴。

我们首先到了著名的濠江中学。这是一所华人兴办的私立学校,具有光荣的革命传统。1949 年中华人民共和国成立时,曾在这里升起了澳门的第一面五星红旗。2000 年,江泽民主席到濠江视察期间,又特别谈到了一个几何问题,引起广泛注意。我们特请中学部的主任郑志民先生写文章,谈他的亲身感受。濠江是澳门的名校,建制完全,从幼儿园到高中三年级都有,目前的学生规模达 8000 人。设施完善,教学质量上乘。爱祖国、爱澳门、爱学校,我们感受到了濠江中学的昂扬志气。

我们访问的第二所学校是海星中学。这是一所天主教会主办的学校。学校里有宗教课,也有公民课。学校的宗旨是帮助中下层家庭的子弟入学。许多老师本人就是穷苦人家出身,在海星读完书、考入大学,又回来当老师。因此,艰苦朴素,助人为乐,团结友爱,在这里蔚然成风。校长蔡梓瑜先生,在澳门大学教育学院教了 7 年书,觉得做教育事业不能离开基层。于是想走出"象牙塔",应聘在这里当校长。他说,我们学校的理科教学比较好。这次海宁的蔡同荣老师借他们的四年级的学生上展示课。用的是一道开放题:"将钟面上全部 12 个数字用加减号组成一个式子,使它的总和为零。(每个数字只出现一次)"题目出来不久,一个孩子居然说,这 12 个数字相加为 78,所以只要用一部分数字加起来等于 39 就行了。好聪明,大家都觉得澳门确实有很优秀的学生。

这次研讨会在巴波沙中葡学校举行。这是一所公立学校。巴波沙曾是葡萄牙驻澳门的总督。学校以他的名字命名,现在也没有改。但是,学校的教学已经没有殖民色彩了。学校的墙上贴着由五年级学生填词的礼貌歌（五线谱）。展示栏有一块的标题是"和平共处"，近前一看，原来是学生写的彼此互相帮助的故事。校长告诉我，他们学校和澳门大学张国祥博士合作研究儿童的"智能光谱"，对每一个学生的智能进行分析，用数量化的方法测定他们各种能力的水平，并用直观方法显示出来。这对发挥学生的长处和克服弱点，提供了科学依据。这项研究有很高的学术水平，也显示了学校的科研水准。

最后，我访问了培道中学。校长李宝田女士和韦辉梁副校长热情地接待我们。当天的澳门日报，刊登该校的选手获得"机器人足球赛"的亚军，大家都很高兴。学校的位置就在著名的"葡京大酒店"附近，乃是寸土寸金之地。学校的操场狭小，又无法扩充，因此研究了一套特别的课间操，里面有踢足球、打篮球等等的模仿动作，十分受学生欢迎。国家教育部的有关部门正准备加以介绍，推广使用。韦副校长毕业于北京大学数学系，擅长运用计算机进行数学教学。他开发的"平面几何实验室"教学软件，使用起来比《几何画板》要方便得多。澳门基金会向全澳的学校免费赠送，鼓励使用。该校的初中二年级的几何课每周三节，其中一节在计算机教室上。学生用类似于"物理实验"的方式做数学实验，得出结论。那天我们在计算机教室听余大桓老师讲授"垂径定理"的课。学生在计算机上画圆内的相交弦，其中一条是直径。然后观察它们之间的夹角和被分线段长度的关系。学生从观察中作猜想，然后加以证明。并运用它证明另一个结论。计算机教室并不豪华，但课堂上充满了强烈的时代气息。韦老师还开发了"动态数学"的软件，用于函数、三角、几何等的教学。

澳门还有英文班，用英文讲授数学。研究会的伍助志理事长来自粤华中学，就有英文班。因为时间关系，没有能够去访问。

到澳门多次，又访问了一些学校，有几点值得我们借鉴。首先，学校有自己的办学特色，理念上各有追求，呈现多元化。相对而言，内地的学校比较雷同。介

澳门演讲（2006）

绍起来,无非是考试成绩怎么样,上重点线多少人,××竞赛获奖如何。至于自己的办学宗旨,则是比较空泛的一些"格言"。真正办出特色的很少。其次,澳门的成人教育十分发达,在职人员读书的积极性非常之高。澳门教育局的冯若梅处长说,有些孩子在少年时代学习不大努力,后来就业之后知道学习的重要,所以学习非常努力。而且不仅是白领职员,包括一般的工人也都在职业学校学习,令人感动。第三,在数学教学上,有一些工作颇有成就。我们在上面已经提到不少。只是因为地方较小,宣传的力度不够,所以外界知道的不多。例如,韦辉梁副校长的数学教学软件,就很值得我们学习。

在访问期间,驾车经过利玛窦小学和利玛窦中学,使我想起利玛窦和徐光启翻译《几何原本》,成为中国近代科学发展的开端。进入 21 世纪,江泽民主席又在澳门濠江中学谈到星形几何问题。看来,澳门应该是几何教学研究的福地。回归之后,澳门的各项事业蒸蒸日上,教育事业也一定会有新的进步。比如,如果有澳门政府主导的、符合澳门教育需要的数学教材,一定会受到内地的重视,互相交流。总之,我们希望继续加强内地和澳门之间在数学教育上的交流,并祝愿澳门的数学教育有更大的发展。

旅美数学教育见闻

5月间来美国,耳闻眼见,和在国内时的角度有所不同,因而常常引起一些数学教育的思考。以下是随手记下的几则。

一、教育是中国和美国竞争的一部分吗?

几番来美,这一次的一个深切的感受是:媒体报道中有关中国的消息越来越多。最常见的是关于中国大幅度的贸易顺差,要求人民币升值。还有就是中国军力威胁,股市飙升,当然也有一些有关环境污染等的负面消息。近来,对美国教育状况的不满也时见报端。其中《纽约时报》的一篇文章,直接把中国的教育放到中美之间竞争的高度来认识,则比较少见。

《纽约时报》5月28日刊登专栏作家 N·克里斯多夫的文章——《中国:教育巨人》,副标题是"如何与中国竞争"。这位作家是中国通,长居中国大陆,有一位华人妻子。这次和孩子一起访问妻子的祖居地——广东台山的一个乡村,然后写了这篇报道。

一开始作者就指出,美国总在想用关税壁垒等贸易保护主义的手段来对付中国。但是中国在人力资本的投入所做的努力超过了美国,这也许是本世纪中国可能超过美国的一个理由。

文章提到,中国农村学校孩子们学习的数学,和他女儿就学的纽约最好的学校处于相同水平。中国农村学校的教师拿着他女儿的教材常常评论说,我们早两个年级就教这些内容了。"中国学生把受教育当作改变人生的手段。我知道的台山乡村的一个女孩上了大学,现在已经在纽约的 Merrill Lynch 工作了。13亿的中国人都在这样想。"

作者认为,中国有孔子的重视教育、尊敬教师的传统,而且学生的学习特别勤奋。中国人认为,成绩最好的一定是最勤奋的,所以孩子们都苦读。美国人则认为,成绩最好的一定是天生最聪明的。所以美国孩子每年在学校的学时数约为

900,却有 1032 小时在电视机面前度过。

这位专栏作家还说,中国人知道自己教育上存在的问题,例如死记硬背啊,缺乏创造性啊等等。于是他们不断地在改进。这表现在外语教学上进步很快。他们往往在小学一二年级就学习英语。现在中国城市的学生,英文水平比日本、韩国要好。

文章最后说,因此,我们不要总是用提高贸易壁垒来对付中国。正如 1957 年苏联的卫星率先上天时那样,应该提高我们的教育标准,去迎接挑战。

坐在沙发上读完这篇报道,不禁陷入沉思。中国的教育究竟怎样?是巨人吗?在教育上我们能赢吗?会输在起跑线吗?全面地认识自己,也许是必要的。在教育上当然不能夜郎自大,却也不必妄自菲薄。我们老是要所有的教师都转变观念,否定自己。这,似乎需要一个对自己教育状况的清醒的科学估计。

二、中国的数学教育传统究竟怎样?

周末去旅游,参观美国最大的庄园——铁路大王范德比(Vanderbilt)在北卡罗来那州的豪华宅院,共有 250 个房间,占地 8000 公顷。西方大的园林,讲究宽广,绿荫环抱,芳草绿地。起伏的高尔夫球场,汽车公路蜿蜒穿过,两旁树有整齐美观的电线杆,远远望去,顿觉心胸开阔,美不胜收。

回到住处,恰有陈从周先生的《说园》中英对照本在。打开一看,中国构建园林的传统扑面而来。"中国园林妙在含蓄","绿杨影里,海棠亭畔,红杏梢头","以有限面积,造无限空间"。"曲桥、曲径、曲廊,信步其间,两侧都有风景",这样的意境,和西方的园林构想是完全不同却又相异成趣的。试想,大草坪、高尔夫球场,公路、电线杆,在美国园林是和谐的,放到中国古典园林就格格不入、毫无美感可言了。

这样一想,又联系到数学教育上来。西方教育鼓励个性发展,创新求变,主动合作。这当然是对的。正如我们欣赏西方园林那样,应该学习借鉴。但是,我们中国也有自己的数学教育传统,恰如中国自己具有园林构筑传统一般,应该继承发扬。

现在的情况是,一提教育,便是改革。年年改,月月改,天天改。至于传统,几乎是改革的对象。常常听到的是,"传统的教学如何如何,新课标如何如何",将传统和努力的目标对立起来。

中国数学教育传统好不好呢？当然有好的部分，例如重视"基本知识和基本技能（双基）"的学习，引入问题情景、启发式讲解，熟能生巧，解题变式训练等等，都是值得称道，可以加以发扬的。

费孝通先生在文化问题上提出一个观念，叫文化自觉。他说，每一个民族、国家对自己文化的来源、历史发展、特点（包括优点和缺点）以及发展趋势要有自觉的了解。我们既不复古，也不全盘西化。他概括了四句话："各美其美，美人之美，美美与共，天下大同。"这四句话的意思是强调，各种文化要知道自己文化的美，要学习展现别人文化的美，美的文化要放在一起共享，这样就天下大同了。

珍视自己的传统，包括教育传统，继承之，发扬之，改造之，应该是我们的责任。

三、美国教育中的"数学战争"怎么样了？

1998 年，美国加州一批数学家和数学教育家（华裔著名数学家伍鸿熙是主要代表人物之一），公开批评美国和加州的数学教育。指责美国数学课程标准的学术要求太低，基础宽而不深，被形容为"一英里宽、一英寸深"。数学教材中严谨不够，被讽刺为"模糊数学"，主张大幅度进行改革。另一方面，美国最大的中小学数学教师组织——全国数学教师协会（NCTM）则认为美国数学教育基本面是好的，在 2000 年发表的《美国数学课程标准》，虽有所反思改革，但基本维持着美国自己的数学教育理念。一部分人更指责加州的数学教育论争背后是"政治"之争。由此，两派公开论战，直至百余名科学家和数学家在《华盛顿邮报》登付费广告，致信美国教育部长，要求撤销教育部对 10 种数学教材的推荐。论战达到白热化程度。在多次国际性数学测试中，美国学生的成绩很差，不仅落后于东亚的新加坡、日本、韩国、中国香港，还在工业化国家中位居倒数几位。这更增加了论战的话题。以上的论战，就是俗称的美国"数学战争"。

美国布什总统当政以来，提出了"不让一个孩子掉队"的口号。政府认为，"数学战争"的双方都是为了美国数学教育的进步，应该团结起来。2006 年 4 月 18日，布什总统任命一个"国家数学咨询委员会（National Mathematics Advisory Panel）"，任务是帮助总统和部长在科学研究的基础上构建最好的美国数学教育。

委员会有 20 位成员，以及正式机构的 4 位"当然成员"。委员会的具体目标是在 2008 年 2 月向总统提出正式的报告（一个供讨论用初步的报告已经在网上公布，通过适当的手续就可以读到）。委员会分成以下 5 个工作小组：概念性知识和技能；学习过程；教学实践；教师；评价。

委员会有专门的网站，公布所有的信息。每个成员的简历都公开在网上。20 名委员来自各个方面，主席佛克纳尔（Larry R. Faulkner）是一位化学博士，在许多大学化学系任教授、主任，以及学院院长。现任休斯顿一个私人设立的慈善基金会主席。副主席本鲍（Camilla Persson Benbow）是一位教育心理学家。

成员中有心理学家、数学家、数学教育家、数学教师等。内中包括两位华裔学者，一位是前面提到的数学家伍鸿熙教授，另一位是马立平博士。马博士在华东师范大学获得硕士学位，又在斯坦福大学获得博士学位。一本以博士论文为基础的著作（*Knowing and Teaching Elementary Mathematics*）指出美国小学数学教师的数学水平低下，成为美国教育方面的畅销书，因而一举成名。

委员会计划在 2008 年 2 月向总统提交最后报告之前，在全美各地举行 10 次会议。从 2006 年 5 月（华盛顿）开始，继续在 6 月（北卡州）、9 月（波士顿）、11 月（洛杉矶）、2007 年 1 月（新奥尔良）、4 月（芝加哥）举行了 6 次，现在是第 7 次，地点在迈阿密，时间是 6 月 5—6 日。非常详细的日程已经公布。

值得注意的是这个委员会和广大数学教育工作者的互动方式。每次会议包括一个半天的公开听证会。向全国发通知，由各种组织、机构派代表报名参加。注册以后，每位参加者需要提交书面的和电子的"评论"，记录在案。每位代表可以在会上作 3—5 分钟的陈述。

不代表任何组织的个人也可以参加，但因为座位有限，需要报名，按先来后到次序安排座位和少数发言。没有发言机会的可以提交书面材料，或者用电子邮件表达。会议组织者为个人提供预订旅店等服务，尤其是为残肢人、聋哑人的组织在数学学习方面表达意见时提供的便利，甚为周到。

这样看来，美国的"国家数学咨询委员会"的成立，把不同意见的学者组织在一起进行讨论研究，所谓的"数学战争"也就停止了。

联想我国也有数学课程标准的争论，在全国两会期间、报刊上都有很尖锐的意见发表。我们也成立了一个委员会修订《9 年义务教育国家数学课程标准（实验稿)》,但是在人员的组成上,成员的介绍上,网上公布信息方面,都不甚透明(其实没有秘密可言)。特别是和公众之间的互动方面,做得很不够。政府机构运作的透明,对于像涉及千家万户的数学教育改革,似乎更为重要。

(原刊于《数学通报》2007 年 7 月号)

参观美国蒙台梭利学校有感

外孙女就读于一所蒙台梭利小学,很想去看看。这次终于完成了心愿。

蒙台梭利(Montessori,1870—1952)是著名的儿童教育家。以她的名字命名的学校遍布全球 110 个国家和地区。中国也有蒙台梭利学校,仅限于幼儿园阶段。美国则延伸到整个小学,乃至 6—8 年级的中学阶段。

位于亚特兰大市 Decatur 有一所蒙台梭利学校,是私立的,学费昂贵(美国的公立中小学,不交学费)。踏进学校所见,校舍并不豪华。一排平房,分成许多间教室。教室里没有讲台,十来个学生全坐在地上,各人在做不同事情。有的画画,有的在摆弄学具,有的借助位置记数做算术。老师根据每个学生,告诉学生完成自己今天所要完成的活动。这里没有班级,听不到朗朗的读书声,更没有成绩排名。除了个别活动之外,也有一起讨论的小组活动。一天学习结束,自己打扫教室,把玩具、学具归到原位。

自由活动,自主创造,个别教育,是这个学校最鲜明的特色。

蒙台梭利教学法认为,儿童将依靠自己的内在精神发展自己,不能将成人的思想强加于儿童。成人只能为儿童准备一个适宜发展的环境,协助儿童自然地成长。在这个过程中,儿童不仅发展了认知能力,更为重要的是习得了主动学习的方法,培养了独立、进取、坚持、自信、有条理的良好习惯。儿童独立操作、自动练习、自我调整、自行修正和自我教育的丰富多样的教材。教室中的小朋友可以在教室中自由活动,自由选择自己喜欢的活动。为了避免干扰小朋友的选择,在蒙氏教室中没有以功利引诱的各种比赛、奖赏或惩罚。教师的主要职责是采用合理的方法和教学技巧、教育机智激励小朋友的学习

美国蒙台梭利学校课堂一瞥

积极性、主动性和创造性。

这样的教育理念,符合西方的社会文化、人生理念。有些中国的教育工作者,甚至指出"在教育思想和教育观念中,我们落后国际先进的教育思想近达一个世纪,蒙台梭利的教育思想就是一个例子"①。

有人说,蒙台梭利是儿童教育中的杜威。学生中心,儿童中心,生活就是教育,教育就是生活。参观后深有同感。近来提倡"创新",简单地把杜威和蒙台梭利的教育理念搬过来,成为时髦。其实,这种理念是一个极端,教师中心,课本中心,知识中心,则是另一个极端,我们需要的是寻求平衡,找到位于中间地带的真理。以为中国教育落后于国际水平一个世纪,恐怕言过其实。

蒙台梭利学校的教育质量如何?我从数学的角度,考察了外孙女波拉。她今年5年级,秋天将进入6—8年级学段(初级中学),在学校里的评语是成绩很好。学校里不留作业,整个暑假也没有暑假作业。所以整个暑假是不会碰数学的。我去了,自然地出了几道整数、分数的四则运算题,她倒都能做出来,答案也正确。但是,给我的印象是,计算速度比较慢,尤其是多位数除法。书写缺乏规范。在练习簿上,东写一点,西写一点,得出答案就算了。另外,她不喜欢数学,因此从来没有主动问我过任何数学问题。

我相信,波拉的数学运算能力,在速度上不及中国同龄人,但是她没有学习压力,确实是"愉快教育"。书写不规范,表明符号化、逻辑化的能力偏弱。将来进入中学,理性思维要求增强,也许就会出问题。美国的数学教育强调"理解",只要理解了,就行了。中国则还要讲究书写,一丝不苟。刻板的训练好不好?我以为总体上是好的,没有规矩不成方圆。规范在幼儿时期就应该有,只是不要过分责备求全。

但是,美国孩子喜欢来点小创造。她喜欢玩智力测验,士兵过河问题,鸡兔同笼问题,都愿意去思考。还会出个怪题玩。

美国数学教育的评价比较宽松,波拉所在的学校没有毕业考试,更不会有标准答案,也不会有把学生弄哭这样的事情发生。这使我想起《文汇报》8月20日《教育家》栏目刊登朱华贤的文章,题为"标准答案能否多元化"。内中提到:

---

① 见 http://bbs.etjy.com/viewthread.php? tid=29218.

某小学最近测验时出了一道数学题:要开联欢会了,班上要买些水果。据统计,男生能吃 18 个苹果、19 个香蕉、22 个橘子。女生能吃 15 个苹果、17 个香蕉、23 个橘子。如果让你去为班上买水果,你打算买多少个? 孩子们大多能答出 33 个苹果、36 个香蕉、45 个橘子,共 114 个水果。一向聪明伶俐、成绩优秀的李新同学却想买 120 个水果。老师不无遗憾地给他打了错号。接到试卷后,李新满脸的沮丧与委屈,因为他的想法是:开联欢会肯定有老师参加,因此打算每样水果多买两个给老师吃。

于是有人为这个学生抱不平,他们认为老师不应该对答案是"120"的这道题判错,不该扼杀学生的美好情感。

作者认为,数学不完全是生活。假如 120 可以算对,那么,122、124、126 是不是都可以算对? 因为可以用同样的理由,"肯定会有老师来参加",至于来几个老师呢? 不确定,所以答案也不确定。如果允许有这样多答案,这还能算数学吗? 倡导多元,并不是放宽标准,也不是失却规范,更不是无原则地迁就。有些答案确实不是唯一的,但也不是说它没有错误的。可有些人就简单地认为,多元就是什么都对。有的人还把放宽标准、无原则迁就说成是体现人文情怀。这都是十分荒唐的。

文章很犀利,击中了某些激进改革家的要害。教育评价不能"无限制地多元化",不要标准,答案随意自由。

但是,作者又说:"有些题目的答案就是唯一的,特别是包括数学学科在内的一些自然学科中的许多题目,比如加、减、乘、除。"难道数学只能是唯一的标准答案? 这又未免武断。请看,上述问题的表述是:

据统计,男生能吃 18 个苹果、19 个香蕉、22 个橘子。女生能吃 15 个香蕉、23 个橘子。如果让你去为班上买水果,你打算买多少个?

这是一道数学建模问题。数学建模问题的条件,可以冗余,也可以不足。为了培养学生的创新能力,允许在提供的问题情景中,补充一些合理的假设。然后给出适当的答案,说明理由,使之成为一个合乎情理的数学模型。在本题中,用"你打算"这样的词语,明显可以根据个人思考有不同答案。所以如果李新同学说要多买 6 个水果给老师吃,而且明确地写出来,应该是很好的数学思考。学生补上老师需要的水果数目,是一个合理的模型。

但是上述问题问句是："你买的水果恰好满足同学们的需要,你应该买多少个?"那么问题就封闭起来,只有唯一答案了。这就是普通的数学应用题。数学教育的评价,应该注意这两者的区别。

美国的数学教育主张从情景出发的数学建模活动,不大关注考试结果的评定,所以美国学生考试上不及中国学生。至于在发散性思维方面,中国学生恐怕不占优势(参见蔡金法:中国学习者的思维特征。收入张奠宙:《中国数学双基教学》。上海教育出版社,2006)。

我思考的结论是,蒙台梭利学校,在小学低年级阶段比较合适,以后就不见得了。

(寄自美国亚特兰大,原载于《小学数学教师》2007 年 10 月号)

中国数学教育的软肋——高中空转

——美国奥赛教练冯祖鸣等访谈录

时间:2007 年 8 月 29 日。

地点:美国新罕布什尔州冯祖鸣老师寓所。

谈话人:冯祖鸣,毕业于北京大学。国际数学奥林匹克美国代表队领队。美国新罕布什尔州 EXECTER 中学教师。

冯承德、徐云华(冯祖鸣父母),1964 年均毕业于华东师范大学数学系。1990 年天津市高级教师。美国奥克拉荷马州科学与数学中学数学教师。在美国任教 17 年。

奠宙:我事先打电话给各位,我们今天谈话的主题是"中国数学优秀生如何培养"。各位熟悉中国和美国的数学教育,应该有许多感想与思考。

祖鸣:我是有许多感慨。中国有许多很聪明的孩子。在国际数学奥林匹克中获得好成绩的学生,在美国都很出色。最近见到几个在 MIT 的中国孩子,由于浓厚的学术气氛的熏陶,心无旁骛,努力学习,很受导师的重视。

我的一个深切的感受是:"中国数学教育的软肋在高中,在高中最后两年的空转。"

承德:我们都有同感。美国学生的一般数学水平不如中国,但是优秀生的数学水平超过中国。

奠宙:请说得明白些。

祖鸣:人到 16 岁开始成人。知道自己要有人生目标,优秀生开始思考未来。这是一个人成长、成型的关键时期。中国学生却在这两年天天复习高考,追求初等数学的考试高分。美国学生则不同,他们有 AP 课程。数学类包括《微积分》和《线性代数》两门,相邻的有计算机科学 C++语言,以及高等物理、高等化学等,让学生自己选。考试是全国(甚至和欧洲的 AP 相联系)统一,成绩大学承认。免修意味着少交学费。

承德：我所在的 Oklahoma School of Science and Mathematics，就是专门为自然科学和数学方面的优秀生举办的学校。全美国已有 20 多所中学标明是"科学与数学学校"（未标明的优秀生学校更多）。

我们学校是两年制，只有 11 和 12 年级。单变量微积分是必修课。然后有 70% 的学生选修多变量微积分和线性代数。喜欢数学和物理的学生，则选修常微分方程和偏微分方程。我还讲过实分析和拓扑学。总之，你有能力，可以尽力选读。

云华：我们学校不仅是数学课程多，物理课程一直教到量子物理，出现薛定谔方程。所以我们必须开设微分方程。生物学的课程尤其先进。遗传学、分子生物学、克隆、DNA 测序都要开课。整个学校的氛围是向科学的最前沿迈进。美国的优秀学生不断向前攀升，中国学生天天做高考题。中国高中的"空转"，在最容易吸收知识、开始思考人生的年龄段，束缚于考试。更令人心焦的是，许多顶尖的中学，对"空转"现象不觉得是问题。自我感觉良好。

奠宙：可是反复的高考训练，也许有助于基础知识的掌握。常常听到美国导师夸奖中国学生数学基础扎实。

祖鸣：基础扎实是为了发展。没有远大目标的盲目打基础就是"空转"。"空转"的危害不仅限于知识的贫乏，更严重的是带来人生目标的狭隘。

美国优秀生学习 AP 课程，接触科学前沿，更重要的是开阔数学视野，树立远大理想。最可悲的是问一些中国高中生，你的理想是什么？回答居然是"考上北大、清华"。这算什么理想？美国学生就不同了。他们的内心里，都有"改变人类生活"的想法。我认识一个亿万富翁，每天还蹲在实验室熬夜工作。问他为什么。回答就是"想改变人类命运"。美国的一些好的高中，目标就是要为"各行各业输送领袖式的人才"。抱负不同，结果也不同。

奠宙：古人云，"取法乎上，仅得乎其中"，取法乎下，还能得到多少呢？不过，年纪轻轻，抱负很大，会不会"好高骛远"，脱离实际呢？

承德：美国人是基本上把知识弄清楚了就向前看，往前跑，直到最前沿。当然也会有失败者。我注意到，美国高中生有的基础不扎实，单变量微积分可以过去，一到多变量微积分，就不行了，垮了。但是，一大批人冲上去了，整体的教育就成功了。许多国际竞争,最后决胜于少数顶级专家手里。比尔·盖茨的微软公司就是例子。

祖鸣:最近美国有一种手电筒,用手摇几下,就可以发出电,用以照明。

奠宙:昨天刚刚用过。

祖鸣:现在一帮人就在琢磨将这一技术用于手提电脑,免得老是充电。也许将来可以大大减轻手提电脑的重量。美国人天天有人在琢磨,想用自己的努力来改变人类文明进程。这股力量是伟大的。

奠宙:"高中空转"现象如何避免?

承德、云华:那就是改变高考制度的问题了,中国需要一个认定优秀学生免试直升大学的机制。AP课程就是值得引进的课程体系。我们曾经在上海复兴中学,利用暑假,用英文讲微积分,每天3节课,两个星期就讲完了,学生家长都很满意。非不能也,乃不为也。

祖鸣:中国学生太听话了。给人家打工,需要听话、认真做事,老板喜欢。但是对于要求创新的优秀生,就不行了。大家知道,有一个很出名的数学问题是:在一个长方体的房间内,小虫位于最长对角线的一端,问小虫沿着墙壁上怎样的路线爬,行程最短?答案是把长方体表面展开成平面,则以连结这两点的直线距离为最短。但是,我在上课时,一个学生竟然站起来问:那么,哪条线是最长的呢?我一时语塞,回答不出来。中国学生是不会这样问的。

奠宙:现在中国的教育强调"教育公平",改善西部教育条件,帮助农村中学提高教学质量。特别是没有"英才教育"的口号,避免提"精英"二字。二位怎么看?

承德:我们学校是公立学校。学生进这样中学,也不需要交任何学费。优秀的学生有能力读,学校就要想办法开。我教过微积分、线性代数、微分方程、离散数学,以至拓扑学。可是在中国,只要把考试题做得好就是高级教师、特级教师。数学上不想进步,思想境界就不同,对学生的感染就很不一样。

祖鸣:中国的中学里,许多搞奥赛的教练,还是要学习很多现代的数学,例如图论、数论等等。可是一般的数学老师就不大上进了。听到和高考无关的数学就头疼。你能指望这样的数学老师培养出优秀的数学人才吗?

承德:当年陈景润在中学里就知道哥德巴赫猜想,现在听说教师不准讲和高考无关的数学,否则校长、家长都会出来干涉。

奠宙：一般情形的确如此。中国教育的考试功利性远甚于美国，但是美国的英才教育又远优于中国。想到这里，不免忧心忡忡。不过，事情终会发生变化。一些优秀的中学校长，已经开始意识到这一点。办学不能围着升学率转。优秀的中学需要放眼世界，也为输送"能够改变人类命运"的优秀人才做贡献。

谢谢三位的谈话。下次我们谈谈中国和美国数学教师的工作环境和生活状态。

（原载于《数学教学》2007 年第 10 期）

没有批评表扬的学校管理

——与美国中学数学教师的谈话

2007 年 10 月 3 日。我在上海会见冯承德、徐云华两位老师。继续我们的谈话。这次冯祖鸣老师没有参加。

冯承德、徐云华,1964 年毕业于华东师范大学数学系后,即往天津任教。1990 年去美国,同在奥克拉荷马州科学与数学中学(Oklahoma School of Science and Mathematics)担任数学教师。

奠宙:上次我们谈的是美国优秀中学生的培养。这次我们谈谈教师的工作。请问,在美国担任中学数学教师,和在中国担任数学教师有什么不同?

承德:最大的不同,就是我们在美国中学吃"大锅饭",没有晋级,工资按年资增加。没有批评表扬,大家埋头干就是了。

奠宙:美国是现代管理科学的发源地,怎么会吃大锅饭呢? 请道其详。

云华:我们在天津的时候,年年评级,指标有限。晋级和房子挂钩,一家三口挤一间房。为了第二间书房,我们就得先拼高级职称,申报特级教师,最后终于得到了房子。可是比我们更困难的、一家三代挤在一起的同事却没有得到,所以拿到了房子心里也不大平衡。拿了房子以后,压力更大,你必须做得比别人多、比别人好才行。不断评级,指标又少,工资、房子都公开地竞争,教师处于重重压力之下,人际关系自然会紧张,自己当然觉得不快活。

承德:在美国,没有教师的等级制度。没有一级、二级、高级、特级教师等等的区别。回国后听到,又出现了许多教学等级:首席教师、学科带头人、教学能手、优秀教师等等,简直令人眼花缭乱。在我们奥克拉荷马学校,同事的工资是不知道的,不能问也不必问。美国的教师工资不算高,勉强可以挤进"中产阶级",基本生活无后顾之忧,主要精力全放在教学上。自己的工资按年份不断地在涨。大家都是为了把学校办好,自己努力工作就是了。

奠宙：那么，就没有批评表扬，分出高下来？

云华：在学校里，教师之间从来不议论别人，更不要说公开的竞争了，目的是避免造成人际关系的紧张。我从来没有看见校长公开地表扬或者批评某个教师。表扬某个教师，就会对其他人产生压力。即便学校的学生在国际数学奥林匹克中获奖，也只是通报一下，大家鼓掌表示祝贺也就完了。没有什么因此加工资、上光荣榜、让大家学习之类的举措。

奠宙：这样做，好坏不分，怎样调动教师的积极性？

承德：这主要靠两条：一是诚信和责任感。校长尊重教师，一切交给教师处理，环境宽松，教师有责任感，就会自律，自觉做好工作。二是自由流动。如果工作环境、工资待遇能够满足自己的愿望，就一定会好好干，不需要外界压力。但是如果不满意，你可以到其他学校去。校长绝对不会阻拦，还会提供方便。实际上，在这样的氛围中，如果自己的工作业绩比较差，就会觉得呆不下去，自动离职。

奠宙：这很有点像老子说的"无为而治"。记得数学大师陈省身在谈到数学研究所如何管理时曾说过："你把有能力的人请来，他做什么，你不要管，他自己会做好。"学校是精神家园，从事的是培育人的工作。它的管理机制不能等同于工商企业管理"物"的机制一样。现在中小学的管理，完全学习企业的那一套。教学以学生的统考、高考的成绩为依据，而且和工资挂钩；研究水平则以论文的篇数比较高下。一切都数量化了，似乎先进得很。人才培养能够用如此功利的方法培养吗？值得怀疑。

承德：至少，我们两人喜欢校长的这种"无为而治"的做法。我们校长非常平易近人。下班后，穿上牛仔裤，回到自己的家庭农场，管理几百头牛。没有一点架子。

奠宙：那么教学提高怎么办？有教研组吗？有教研活动吗？有公开课吗？互相听课吗？

承德：学校里没有数学教研组。数学上有一个负责管理、排课的老师，只是处理事务，不管如何教学。教学是个人的事情，教得好不好，自有公论。学生也会自然地反映出来，但是不公开调查，没有向学生发问卷之类的措施。对教师的教学，要做长时间考察，不能听到意见就找教师谈话、处理。我们的校长不干涉教学事务。

奠宙：那样做，教师是不是会"偷懒"、不上进呢？

云华：越是校长信任，自己越是兢兢业业。我们学校是科学与数学学校，学生的水准很高。自己不提高，就应付不了学生的提问，开不出新课，讲不出新意，自己会着急。例如数学课要为其他学科服务，量子物理课要讲薛定谔方程，所以你必须把偏微分方程准备好。如果你教的学生，不能满足物理老师的需要，那多丢脸啊。所以一点不能懈怠。

奠宙：老师之间是不是彼此听课，组织研讨呢？

承德：没有。凡是有人来听课，上课就不自然，往往不自觉地渗入表演的成分。上课好坏，没有绝对的标准。外人来评课，不了解学生的情况，不了解教师的整体设计，教育观念也不尽相同。就课论课，往往评不到点子上，却伤害了老师的自尊。如果事先不通知，校长或其他人就来听课、监督，那更是绝对不行的。

奠宙：这么说，教师就没有进修、学习、提高的机会了？

云华：其他渠道很多。例如，美国有许多民间学会组织的会议，进行教学研讨。NCTM（美国数学教师协会）每年都有年会，规模很大。教师们互相交流，相当深入。政府也有培训教师的计划，暑期里去参加一次培训，也是有可能的。在学校里，我们喝咖啡的时间，同事之间也常常会研究讨论。但是，不会采取听课、评课的方式。

奠宙：这是不是会影响教学质量的提高呢？

云华：美国是一个多元化的国家。教育理念不求统一，政府不会宣布某种教学方法是正确的，应该提倡；而另外一种则是不正确的，需要批评。一切都是由教师自己选择确定，自己做主。至于教学质量高低，又没有统一的尺子衡量，如何评定？中国用学生的考试成绩衡量教师的教学质量，用高考成绩评定教师的业绩，美国的舆论认为不科学。学生是学习的主体，学生学不好，首先是学生自己的事情。教师的作用很重要，但并非唯一的因素。

承德：我们在美国，习惯上是备课充分，讲课非常有条理，"嚼"得比较细，学生接受起来很舒服，效率很高，考试成绩也很好，总之很受欢迎。但是，也有一些老师，上课讲究即兴发挥，线条粗放，教学进度也不大在乎，课堂上充满激情，数学感染力比较强。这样，学生可以从不同老师的教学风格中获得多元的数学素养。我们的校长也有意地让学生接触不同老师的教学，适应各种不同的风格。俗话说，好学生不是"教"出来的,是自学"悟"出来的。细有细的好处,粗有粗的好处。那些自己能"悟"出数学真谛的学生,是极度有创造力的,并非考试成绩所能够衡量。

奠宙:说到底,还是社会文化的不同所造成的。科举情节,考试公平,功利目标,压力管理等等,是中国教育的特色。

承德:不管在中国还是在美国,我们都是兢兢业业,努力工作,钻研教学,提高自己。进修学习,是我们的自觉行动。当然,我们希望在比较平和、自主、自尊的环境下进行教学。

奠宙:看来,"无为而治"的学校管理,以及"层层压力之下"的学校管理,何者为好,见仁见智,还是一个值得研究的问题。谢谢二位。

(原载于《数学教学》2008 年第 6 期)

第四部分
往日萦怀

数海沉浮 60 年,往事历历。详情已载《我亲历的数学教育（1938—2008）》。这里收入的是对一些数学前辈的景仰和怀念。

与陈省身先生合影于南开宁园书房(2004)

研究华罗庚先生的数学教育思想

我虽然从学生时代起就多次见过华罗庚先生,但并无机会当面聆听他的谈话。本文提到的华先生的数学教育思想,都已经公开发表。这些耳熟能详的名言,已经深深地刻印在中国数学教育的历史上。我只是千千万万受益者中的普通一员。

20世纪中国数学教育深受两位数学大家的影响。一位是苏步青先生,他亲临中小学第一线,主编教材,为中学数学教师授课。苏步青数学教育奖,更是嘉惠后人。另一位便是华罗庚先生。他并没有关于中小学数学教育的直接论述,而是通过本人的传奇故事,怎样学习数学的谈话,以及倡导数学竞赛、撰写科普文章、使用杨辉三角等民族化数学命名等途径,深刻地影响了中国数学教育的进程。我觉得在他的许多论述中,有四句话最有代表性,就是:"熟能生巧"、"厚薄读书法"、"数形结合"以及"弄斧到班门"。这四句话,科学地、辩证地处理了"基础与创新"的关系。时至今日,重温华先生的这些名言,仍然具有巨大的现实意义。

一、从熟能生巧说起

"熟能生巧",是中国的教育古训。不过,时下的教育理念,却完全摒弃了这一观点。把这句话翻译成英文是"Practice make perfect",国外的教育学者大多不赞成。国内的教育家也认为"熟能生巧"几近于"死记硬背",将它丢在一边不予理睬。

那么我们看看华先生是怎么说的。华先生在《聪明在于学习,天才由于积累》[①]一文中认为:向科学进军必须"脚踏实地,循序前进,打好基础"。接着,有一段非常精辟的论述:

"我想顺便和大家谈谈两个方法问题。我认为,方法中最主要的一个问题,就是"熟能生巧"。搞任何东西都要熟,熟了才能有所发明和发现。但是我这里所说的熟,并不是要大家死背定律和公式,或死记人家现成的结论。不,熟的不一定会

---

① 华罗庚科普著作选集. 上海:上海教育出版社,1984. 第280—287页.

背，背不一定就熟。如果有人拿过去读过的书来念十遍二十遍，却不能深刻地理解和运用，那我说这不叫熟，这是念经。熟就是要掌握你所研究的学科的主要环节，要懂得前人是怎样思考和发明这些东西的。"

古老的教育箴言"熟能生巧"，经过华先生一解释，将它和死记硬背区隔开来，就可以成为数学教育的一个基本出发点。我们在中小学教学中，对一些基本的内容，必须做到"熟能生巧"。

一个有意思的事情是，数学大师陈省身，同样在数学教育中倡导"熟能生巧"。2004年12月7日，中央电视台《东方之子》播出对陈省身"几何人生"的采访，记者李小萌评论说："面对成功，陈省身说他只是熟能生巧而已。"接着，陈先生说：

"所有这些东西一定要做得多了，比较熟练了，对于它的奥妙有了解，就有意思。所以比方说在厨房里头炒菜，你这个菜，炒个木须肉，这个菜炒了几十年以后，了解得很清楚。数学也这样子，有些工作一定要重复，才能够精，才能够创新，才能做新的东西。"

两位大师的见解如此相同，我们当知"熟能生巧"对创新的重要性了。现如今，讲创新的言论遍地皆是，却对"熟能生巧"讳莫如深，实在不是一种好的倾向。

二、读书要"从薄到厚"，然后"从厚到薄"

如果说"熟能生巧"，还是借用古人的话来谈打好基础的重要性，那么华先生关于"厚薄读书法"则是关于"基础与创新"的全新创见。1962年，华先生在《中国青年》发表"学与识"的文章，把他多年积累的治学经验，明确地提出了"由厚到薄"和"由薄到厚"的两阶段读书论。这一充满个性的语言，立即传遍大江南北，成为中国数学教育理论的一桩宝贵遗产。至今我还清楚地记得当初读到这篇文章时的心灵震撼。

做研究要打好基础，人所共知；做学问要弄懂弄通，人所共求。但是，究竟怎样算打好基础了？什么是把知识"弄懂"了？却难以说得清楚。心理学上有种种界定，也是云里雾里。华先生的这一"厚薄读书法"，就把这层窗户纸捅破了。华先生说：

"有人说，基础、基础，何时是了？天天打基础，何时是够？据我看来，要真正打好基础，有两个必经的过程：即由薄到厚和由厚到薄的过程。由薄到厚是学习、接受的过程，由厚到薄是消化、提炼的过程。"

"经过'由薄到厚'和'由厚到薄'的过程，对所学的东西做到懂，彻底懂，经过消化的懂,我们的基础就算是真正的打好了,有了这个基础,以后的学习速度就可以大大加快。这个过程也体现了学习和科学研究上循序渐进的规律。”

打基础与创新的关系,是当前数学教育一个十分重大的课题。国家需要创新人才,但是中小学教育是基础教育。基础教育要打基础,天经地义。在基础教育阶段,学生还没有能力做到真正的“创新”。那么,基础教育应该怎么做呢? 按照华先生的意见,就应该是按照“厚薄读书法”的涵义去做。第一步是让学生吸取知识,反复练习,广泛涉猎,加进自己的理解,把书读“厚”,然后是第二步,帮助学生通过反复咀嚼,消化吸收,自己总结经验,包括数学问题解决的经验,能够提纲挈领,如数家珍似地把知识融会贯通。这样做,既是打基础,又是创新。中小学生能够做到这样,将来的发展前途必然广阔,创新的机会大大增多。这和当前的某些假“创新”之名,行功利之实的浮躁风气,实在是一剂令人清醒的良药。

这里,我们也不妨引用吴文俊先生的话加以佐证。吴先生说[①]:

“关于创新的含义,牛顿曾说,他之所以能够获得众多成就,是因为他站在过去巨人的肩膀上,得以居高而望远。我国也有类似的说法,叫推陈出新。我非常赞成和推崇‘推陈出新’这句话。有了陈才有新,不能都讲新,没有陈哪来新! 创新是要有基础的,只有了解得透,有较宽的知识面,才会有洞见,才有底气,才可能创新! 其实新和旧之间是有辩证的内在联系的。所谓陈,包括国内外古往今来科技方面所积累的许多先进成果。我们应该认真学习,有分析有批判地充分吸收。”

基础教育的创新,不能强求学生去做一些他们不喜欢的所谓“探究”工作。学生的创新,主要在于把“陈”了解得透,把“厚书”读“薄”。

三、数学见识之一:“数形结合百般好”

华先生的数学教育名言中,以“数形结合”一词流传最广。你走到任何一所学校,问任何一位数学老师,没有不知道“数形结合”的。我没有考证,在华先生之前,是否有人提出过“数形结合”,但是可以肯定,“数形结合”能够走进中国每一位数学教师的心田,是从华罗庚先生的一首教学诗开始的:

数与形,本是相倚依,焉能分作两边飞。

---

① 吴文俊. 推陈出新　始能创新. 文汇报,2007,11,14(6).

数缺形时少直觉，形少数时难入微。

数形结合百般好，隔裂分家万事非。

切莫忘，几何代数统一体，永远联系切莫离。

华先生在谈到"知识、学识、见识"①时说道："知了，学了，见了，这还不够，还要有个提高过程，即识的过程。因为我们要认识事物的本质，达到灵活运用，变为自己的东西，就必须知而识之，学而识之，见而识之，不断提高。"什么是"识"？我想"数形结合"就是一个范例。

清代袁枚说过"学如箭簇，才如弓弩，识以领之，方能中鹄"。说得很对。我们的数学教育理论中，强调不能只学知识，还要培养能力。这当然对。但是，你有能力却没有见识，把箭乱放一通，怎能打中目标？

华先生提倡"识"，对数学教育的启示是，需要培养数学意识，用你的能力，把箭发向那个需要射中的目标。如何培养学生的"识"，是一个值得研究的课题。

最后，我们要提到华先生关于"弄斧必到班门"的名言。真正的"弄斧班门"，需要勇气、自信、胆量和能力，不是每个人都能达到的。但是作为期望的目标，还是要有一点精神。正如"不想做元帅的士兵不是好士兵"的说法那样。值得提到的是，华罗庚先生在 1980 年应邀在国际数学教育大会上作大会发言，题目是《在中华人民共和国普及数学方法的若干个人体会》②。这几乎是一个数学教育工作者能够得到的最高荣誉。华先生作为一名声誉卓著的数学家，登上国际数学教育的最高舞台进行展示，正是弄斧到班门的绝佳写照。

华先生离开我们 20 多年了。但是他的传奇故事、奋斗精神、爱国情怀，以及有关数学教育的思想等，一定会在未来岁月发挥更大的影响。

（本文原载于《传奇数学家华罗庚：纪念华罗庚诞辰 100 周年》（《数学与人文》第三集）. 高等教育出版社，2010）

---

① 华罗庚科普著作选集. 上海：上海教育出版社，1984. 第 310 页.

② 原文为 LK Hua and H Tong. *Some personal experiences in popularizing mathematical methods in the People's Republic of China*. 收入 Int. J. Math. Educ. Sci. Technol;o. 13;4. m 1982，371–386. 中译文见：华罗庚科普著作选集. 上海：上海教育出版社，1984. 第 442 页.

文 4 - 2

为陈省身先生写传是我毕生的荣幸

窗外正是冬天的景色。电视在播送天气预报：零下 6 度到 0 度。很冷。我不由自主地想起宁园的冬日，陈先生穿着中式棉袄侃侃而谈。可是，他已经离开我们整整两年了。

从我踏入数学圈的那一天起，"陈省身"就像是高在云端的神。想不到几十年后竟然能够走进宁园近距离地和陈先生接触，聆听他睿智的谈话，以至成为《陈省身传》的作者。每当回首往事，觉得这真是我难得的机遇，毕生的光荣，永远的幸福。

《陈省身传》书影

第一次见到陈先生，是 1972 年在上海国际饭店的演讲厅里。那天讲的内容是关于国际数学的发展，具体内容早已忘却，只记得他穿格子呢的西装，神采奕奕，说话很慢，铿锵有力。那时没有胆量提问，更不敢想近距离地交谈了。

我和陈省身先生的交往，是借助我的一本小书和杨振宁先生的推荐。那是 1984 年，我和时任上海教育出版社编辑的赵斌合作写了一本《二十世纪数学史话》，杨先生在复旦大学书亭里买到，转送给陈先生一册。陈先生于是给我来了这样一封信：

张奠宙、赵斌同志：

杨振宁先生送我大作《二十世纪数学史话》，读后甚佩。这样的书国外还没有，似值得译成英文，在美国发表，不知有无这种计划。

二十世纪纯粹数学有重大发展，似稍欠注重重要的题目，如纤维丛与大型几何（包括 Atiyah-Singer 定理），代数几何与数论（包括 Roth、Baker 的工作及最近 Faltings 之证明 Modell 猜想）。最近二十年的进展，把数学改观了。

大作如有增订，不知可否考虑以上及另外其他课题。又 Wolf 奖渐为人所知，自应为课题之一。

拙见不敢谓当，希指教。祝撰好。

副本寄杨振宁先生

陈省身

4/15/85

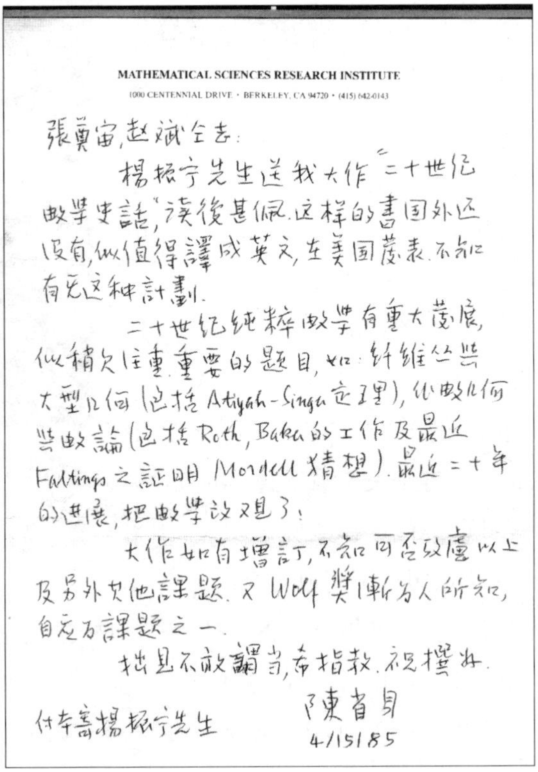

这封信改变了我的后半生。那时我五十岁刚出头，数学研究领域是泛函分析与算子谱论，"现代数学史"只是业余喜欢而已。那本《二十世纪数学史话》，不过是一些资料的汇编。囿于当时国内资料的缺乏，特别是自己数学知识面的狭窄，远不能反映 20 世纪数学发展的主流面貌。陈先生委婉的批评和提示，使我看到了未来努力的方向。对一个素不相识后学的提携，更令我激动万分。

1986 年，陈先生到上海工业大学演讲，我知悉消息立即前往等待接见。演讲结束之后，我终于第一次走近陈先生，谈了我学习微分几何历史的情况。不久，他就寄给我一篇文章《我同布拉施克、嘉当、外尔三位大师的关系》，由我转给上海的《科学》杂志发表。

1988年，我参与"面向21世纪数学展望：国际数学研讨会"的筹备工作。一次午饭期间，有机会和陈先生同桌，就提出想到美国访问、收集现代数学史资料的愿望。陈先生在餐巾纸上写了香港王宽诚基金会的地址，说你可以去申请。于是我就得到资助去美国访问两年，其中有两个月在伯克利的美国数学研究所（MSRI）。在陈先生这样的庇荫之下，幸运地开始了我的后半生。

对陈先生的提携，我一直心存感激，总是在力所能及范围内做点事。1995年，我为香港《21世纪》写稿，和陈志杰教授一起翻译了嘉当在1945年给陈省身的一封信，其中谈到战后法国之困苦，以及儿子路易为反抗德国法西斯英勇献身的家事。陈先生写了读信后记，以示鼓励。1998年写《几何风范——陈省身》的小册子，把陈先生成功之路归结为"人生的选择"，得到杨振宁先生的赞赏，也获得陈先生的首肯。这样，《陈省身传》的写作终于提上了日程。

2000年，在千禧年之交，我将《二十世纪数学史话》扩展为《20世纪数学经纬》，完成了陈先生交给的任务。接着就把主要精力放在《陈省身文集》的编撰，以及《陈省身传》的编写上。这几年来，记不清几次到宁园，聆听他的回忆和评论，住在那间招待过无数名人的客房里。2003年底，在王善平、沈琴婉两位先生的帮助之下，《陈省身传》基本完成。2004年9月，陈省身先生到香港接受邵逸夫奖之前，南开大学出版社抓紧刊行。陈先生亲自签字送出了200多本样书。令人意想不到的是，该书出版仅仅三个月之后，他就永远地离开了我们。回头想想，真的好险，如果陈先生没有来得及看到传记的出版，那会是多大的遗憾啊。

《陈省身传》的写作过程中，陈先生只管说，从不问如何写。唯一的例外是关于第十六章"我的六个朋友"。

那是在2003年春天的一次谈话中，我对陈先生说：比较难写的是你和华罗庚的关系，一时瑜亮，很难下笔。第二天早饭期间，陈先生对我说，你要写我的六个朋友。国内三个，第一个就写华罗庚，然后是吴文俊和胡国定。国外三个，分别是韦依（A. Weil）、格里菲思（P. A. Griffiths）、西蒙斯（J. Simons）。他说，我和华罗庚在1930—1940年代确实有数学上进步的竞争，但是完全没有个人的纠纷。自从我应邀在1950年的国际数学家大会作一小时报告之后，实际上就确定了我们各自的未来走向。我在国际上发展，他回国内发展。我们彼此以礼相待，从不伤害对方，于是就有终生的友谊。陈先生也一再说，华先生是绝对聪明的人，也非常刻苦。他没有学历文凭，需要用发表论文来证明自己的能力，有很强的紧迫感，我的情况不同，可以比较从容。如果华先生到汉堡大学跟随阿丁（E. Artin）搞代数数论，日后的成就也许会更大。陈先生还动情地说："华先生去世的那年，我正在南开，想去吊唁，治丧委员会说不接待京外的客人，所以没有去，非常遗憾。"

在为人处世方面，陈先生在谈话中给我最深的印象是"我没有敌人"。"我不伤害别人"，"即使别人伤害我，我也不会报复"。近来，从天津卫视上看到一则录像，一个学生问"您在做学问和做人两方面都是楷模，请谈谈怎样做人的问题"。陈先生回答说："这很简单，就是不要伤害别人！"

"一生没有敌人"，说来容易，却并不容易做到，也许这只是"完人"才能达到的一种境界。

（本文收入吴文俊、葛墨林编《陈省身与中国数学》. 八方文化创作室，新加坡，2007）

研究吴文俊先生的数学教育思想

吴文俊先生在基础数学、机械化数学研究上的创新性贡献,以及相关的数学教育论述,已经并将继续对中国的数学教育产生深刻的影响。进一步研究吴文俊先生的数学教育思想,具有重要的现实意义。

1. 中国传统数学具有"算法"特色的论断与中小学数学课程

中国古代数学以算法为主要特征。吴文俊指出:"我国传统数学在从问题出发以解决问题为主旨的发展过程中,建立了以构造性与机械化为其特色的算法体系,这与西方数学以欧几里得《几何原本》为代表的所谓公理化演绎体系正好遥遥相对……肇始于我国的这种机械化体系,在经过明代以来几百年的相对消沉后,由于计算机的出现,已越来越为数学家所认识与重视,势将重新登上历史舞台。"[1]吴文俊创立的几何定理的机器证明方法(世称吴方法),用现代的算法理论,焕发了中国古代数学的算法传统的巨大活力。他因此于 2000 年获得了第一届国家最高科学技术奖,以及 2006 年的邵逸夫科学奖,享有很高的国际声誉。

1991 年,作者之一在纽约曼哈顿的洛克菲洛大学拜访过王浩先生,王先生曾说:"吴文俊先生的初等几何的机器证明是每一个中国数学教师都应该知道的。"进入 21 世纪以后,吴先生的贡献进一步为中国数学教育界所熟知,一些教师培训教材,如高等教育出版社的《中学几何研究》[2]里面就有专章进行介绍。不仅如此,有些中小学教材和相关材料,也开始介绍吴先生的工作,以吴先生的成就激励青少年学习数学、攀登数学高峰。

吴先生高瞻远瞩地认为:

"中学的数学课本是一个奇妙的混合物:公理化与机械化的方法内容杂然并陈。欧几里得式的平面几何在整个课程中占据了公理化的一个角落;而代数部分则有丰富的机械化成分。解线性方程组所用各种消去法就是典型的机械化方法。"

"公理化与机械化的思想与方法,都曾对数学的历史发展作出了巨大的贡献,今后也仍将继续作出巨大的贡献。我们既不能厚此薄彼,也不能重彼轻此。为了实现数学的现代化,我们必须吸收渊源于西方的公理化方法的长处,也应珍视我国古代的遗产,从有着历史渊源的机械化方法中汲取力量。这两种方法的融合,或许能为数学的未来发展提供一些新的途径。"[3]

这是一个前所未有的创新的论断,具有鲜明的中国特色,又体现了时代精神。它打开了我们数学教育的视野,开始认识算法在数学课程中的重要地位。一个直接的后果是,2003 年颁布的《高中数学课程标准(实验稿)》里,正式把"算法"作为单独的模块进行教学。实践证明,"算法"进入中学数学教学,为中国数学教育开启了新的一页。可以预料,算法思想必将进一步渗入中小学的各个领域,成为中国数学教育的一个思考基点。

2. 慎重地改革中国数学教育

吴先生对中国数学教育也有一些直接的贡献。早在 20 世纪 80 年代初,吴先生就是人民教育出版社的顾问。他当时就指出:"我个人认为,初等微积分应该处于最优先考虑的地位。""把较高的基础知识有条件地纳入较低的基础教材之内,已经是一项提到教材改革日程上来的问题。"[4]这一建议得到了采纳,后来经过反复,终于将微积分列为高中数学课程。

1993 年 2 月,当时国家教委基础教育课程教材研究中心游铭钧主任,为了改革数学教育,在中关村组织了一系列的座谈会,邀请数学家发表意见。到会的有程民德、丁石孙、陈天权等著名教授。吴文俊先生也应邀参加,他的讲话要点,经整理之后,发表在《数学教学》上[5]。今天,我们重温吴文俊先生 16 年前的这些建言,仍然具有重要的现实意义。

首先,吴先生强调要慎重地改革数学教育,并以数学家的身份建议不要以培养数学家作为改革的目标。这就是说,数学教育改革要以提高未来公民的数学素养为诉求,即今天的"素质教育"。慎重,就是不要急风暴雨式地改革,而要经过试验,由点到面地逐步推广,避免不必要的反复,造成不必要的损失。对于如何进行教育改革,这确实是金玉良言。

其次,作为几何学家的吴文俊先生,对几何学的改革提出了自己的看法。吴先生特别强调了刘徽的工作,指出:"与以欧几里得为代表的希腊传统相异,我国的传统数学在研究空间几何形式时着重于可以通过数量来表达的那种属性,几何问题往往归结为代数问题来处理解决。"[6]他认为综合几何虽然具有重要的教育价值,但是必须适度地与代数方法相结合。用代数方法研究几何问题,将是未来的发展方向。事实证明,这一预言是正确的。晚近以来,向量几何进入高中数学课程(上海的初中数学课程中也出现了向量),坐标思想甚至渗入小学数学课程等举措,都证明了这一点。

吴先生建议平面几何教学,要用"原理"取代"公理化"的建议,具有深刻的现实意义。吴文俊先生认为:"中学几何课本上,讲公理不如讲原理。""我们选择若干个原理,将几何内容串起来,比公理系统要好。""中学几何课程根本做不到希尔伯特《几何基础》那样的严格性,欧几里得《几何原本》里的公理体系也是不严格的,我们没有必要去追求这种公理系统的严密性。"[5]

事实上,学校的几何课程根本做不到"严格的公理化"。现今一些中学数学教材里面,尽管使用了"公理"一词[7~8],如平行公理等,由于没有形成比较完整的公理体系,所谓"公理"的作用也只是原理而已。至于用实验、测量等手段认可一些几何事实,并从不加证明的基本事实出发进行论证,在某种意义上也是用"原理"处理教材。问题在于,这些做法具有很大的随意性。我们究竟要使用哪些基本的事实作为基本原理,还没有进行过科学的论证。例如吴文俊先生建议把中国古代的"出入相补"作为几何课程的一个重要原理,还没有引起大家的重视,各种教材往往用"割补法"一词轻轻带过。实际上,三国时刘徽提出的出入相补(又称以盈补虚)原理,包括一个几何图形,可以任意旋转、倒置、移动、复制,面积或体积不变;一个几何图形,可以切割成任意多块任何形状的小图形,总面积或体积维持不变,等于所有小图形面积或体积之和;多个几何图形,可以任意拼合,总面积或总体积不变;等等。所谓"割补法"的有效性,正是基于"出入相补"原理。

总之,我国中小学几何课程选用哪些原理,是一项亟待研究的课题。

3. 强调在坚实的基础上创新——推陈出新

吴文俊先生在 1993 年的文[5]中指出,学校里的题目都是有答案的,但是社会上的问题大多是预先不知道答案的,所以要培养学生的创造能力。16 年前的中国数学教育,创新教育尚不为大家所注意。吴先生提出创新的重要性,当是一项具有远见的建言。

晚近以来,吴先生又继续对创新提出自己的见解。他这样论述创新:"牛顿曾说,他之所以能够获得众多成就,是因为他站在过去巨人的肩膀上,得以居高而望远。我国也有类似的说法,叫推陈出新。我非常赞成和推崇'推陈出新'这句话。有了陈才有新,不能都讲新,没有陈哪来新! 创新是要有基础的,只有了解得透,有较宽的知识面,才会有洞见,才有底气,才可能创新! 其实新和旧之间是有辩证的内在联系的。所谓陈,包括国内外古往今来科技方面所积累的许多先进成果。我们应该认真学习,有分析有批判地充分吸收。"[9]这就是说,创新需要有坚实的基础。要对"旧"的东西非常熟悉,知悉"旧"的问题所在,才能有创新。吴文俊先生把中国传统数学的思想和信息时代的计算机技术进行了完美的结合,创造了举世闻名的"吴方法",就是"推陈出新"的典范。

　　中国的数学双基教育,就是主张在坚实的基础上谋求创新。不谈基础,笼统地创新,就如在沙滩上建造高楼大厦,是一种空想。另一方面。如果没有创新为指导,单纯地强调基础,那就是在花岗岩的基础上建茅草房,糟蹋学生的青春。就中国的数学教育工作者而言,我们既要发扬自己的优良传统,更要吸收和借鉴国外的先进经验,进行"推陈出新",努力形成具有中国特色的数学教育思想体系。

　　在数学教育的推陈出新过程中,认真研究吴文俊先生的数学教育思想,当是重要的一环。

[参考文献]

[1] 吴文俊. 九章算术与刘徽[M]. 北京:北京师范大学出版社,1982.
[2] 张奠宙,沈文选. 中学几何研究[M]. 北京:高等教育出版社,2006.
[3] 吴海涛. 一抹新绿泛早春——1978年版中小学统编教材出生记[N]. 中华读书报,2009,2,25(14).
[4] 李润泉,陈宏伯,蔡上鹤,等. 中小学数学教材五十年(1950—2000)[M]. 北京:人民教育出版社,2008:284.
[5] 吴文俊. 谨慎地改革数学教育[J]. 数学教学,1993,(5):封二.
[6] 吴文俊. 关于研究数学在中国的历史与现状:《东方数学典籍〈九章算术〉》[J]. 自然辩证法通讯,1990,(4):37 - 39.
[7] 袁震东. 高级中学课本·数学(试用本)·高中三年级[Z]. 上海:上海教育出版社,2008.
[8] 人民教育出版社,课程教材研究所,中学数学课程教材研究开发中心. 普通高中课程标准实验教科书·数学②[Z]. 北京:人民教育出版社,2005.
[9] 吴文俊. 推陈出新　始能创新[N]. 文汇报,2007,11,14(6).

　　(本文收入《吴文俊与中国数学》. 新加坡:八方文化出版公司,2010)

给江泽坚先生的一封信

江泽坚先生（1921—2005），中国著名数学家、教育家。祖籍安徽省旌德县。1921 年 10 月 21 日生于上海。1943 年毕业于西南联合大学数学系。曾任教清华大学。建国后，历任吉林大学副教授、教授、数学研究所所长。

江先生：

收到您写得密密麻麻的来信。您说因身体不适，中断过几次，使我非常感动。您能对我说这么多，真是感激不尽。我能体会到您写信时的心情。"忧国忧民忧数学"，直抒胸臆，言真意切，我会把它当作文物珍藏起来。多年之后，再来看这封信，该是另外一种滋味了。

现在，中国的数学受国外的影响颇大，随着主流数学走。"算子谱论已经死了"的话，就是明证。不过主流与否，也是 30 年河东，30 年河西。1943 年陈省身在普林斯顿研究微分几何，在车站上碰到一位美国数学名家说"微分几何已经死了"。后来微分几何和拓扑学结合，打开了新局面。算子谱论往何处去？现在都往算子代数方向走。我想，现在的时代是"非线性、非交换、高维高次"的时代，算子谱论对研究非交换数学，应该可以做些贡献。

中国人自己的问题，谈何容易。您提出的"可分解"观念，国内研究的力度不够，很是可惜。我现在也无能为力了。但愿有人能够做下去，别开生面。中国人对自己的创新思考不重视，是一个半殖民地时代留下的劣根性。夏道行先生 1960 年代搞无限维空间上的积分，也是国外更重视。外国人一个什么"Open Problem"，就会有人谈论，中国人提一个 open 问题，就没有人理了。悲哀。

您转引启功先生的话："唐诗是喊出来的，宋诗是做出来的。"确实说得好。我会记住、并常常引用。

关于德·贝兰治（de Brange）的单叶函数工作，我对他的攻难精神，十分钦佩。我们现在因 SCI 的困扰，环境比美国更差。所以常常以他的例子说明，数学界应该有更多的宽容。我寄给您的《数学教育经纬》中有一节"推测数学是否允许存在"，一些名家对有思想、但证明不完善的工作说了许多好话。我对德·贝兰治工作的评价是：其影响只限于单叶函数系数一个问题，不像费马大定理的证明，影响到许多领域。

普林斯顿研究院，对研究者没有下达研究计划，我是相信的。数学研究只要找到有能力的人，让他去搞就是，不必管。但是这仅限于数学。其他，如物理学、生物学，要采购设备，买东西，没有计划上报、批准手续，如何开展？

您在信中提到"哈代"关于数学技巧的传说。华罗庚先生似乎也是技巧派。他们的技巧都是有创新的、系统的。如果只是模仿、移植的技巧，确实不能给以太高的评价。但是，任何大的数学思想，如果没有技巧，跨过难关，那岂不是空想？现今的中国，模仿式的技巧可以出 SCI 文章，所以大行其道。至于真正的创新性技巧，中国差得很远。技巧和思想，缺一不可。况且，数学还是从小问题开始做，小问题多半是技巧的演练。

您谈到教育，特别是提倡"爱的教育"。我想时代如此"功利"，提倡"爱"是没有用的。"好胜"是科举带来的，也是高考所采用的机制。至于"好奇"，包括丰子恺先生那样的童心，已经久违了。这几年，我因为在师范大学工作，接触教育多。深知此事需要高层领导干预才行。现在"高考状元"捧得如此高，政府、社会如此，学校有什么办法？考试方法不能改，说是"稳定压倒一切"。有些人从"考试中"捞取既得利益。所以，这是社会革命！

程（其襄）先生 2000 年去世，正好 90 周岁。他去世的时候，我在美国（一双儿女都在美国）。去世很突然，平时除了前列腺之外，内脏并无大碍，谁知感冒一来，竟至不治。最近我们修订 1980 年代他领导编的《实变函数与泛函分析基础》（师范院校用书），算是对他的一种纪念。

最后说说我自己。今年整 70，两年前退休。近来，写现代数学史方面的东西。您说我胆子大，怕写国内数学事件摆不平。我想，我是小人物。不属于什么派系，也无个人恩怨，至今似乎没有惹出大的麻烦。眼下在写《陈省身传》，明年想写《数学文化教程》（萧树铁先生约稿）。再有精力，我也许写《21 世纪之交的数学》作为我那本《20 世纪数学经纬》的继续。

我的心脏不大好，常有胸闷。恐怕要做介入手术。

前年在长春见您，觉得您身体不错，特别是思路清晰，未见衰象。您的睿智，常常是大家乐于和您谈话之所在。愿您长寿。

　　写信应该是用手写的,但用计算机打比写快,也便于您阅读,请原谅。

张奠宙

2003.5.12

　　【后记】　由于参与线性算子谱论的研究,有幸结识了吉林大学的江泽坚先生。他是我景仰的一位前辈。在他身上,我常能感觉到一股知识分子的正气:忧国忧民,愤世嫉俗,志存高远,追求完美。我第一次看到他是1964年在长春举行的泛函分析会议上。那时他正当中年,神采飞扬地主持会议,作大会演讲。至于有机会近距离地接触,则要到1980年代。1984年的线性算子理论会议在桂林召开,我们同游漓江,会后又一起搭火车返上海,在车上作竟日之谈。在算子研究上,他提出"不可约算子"的概念,希望在国际上显示一点中国特色。尽管后来的研究未臻理想,但我觉得他的想法是对的。我后来转向现代数学史研究,他曾有几次长信,写他对20世纪数学发展的看法,受益良多。2003年4月16日,他在一封长信中谈了许多有关"做人、做事、做学问"的意见,深受教益。本文是我的回信。

致徐利治先生的一封信

徐先生:

您好!

非常感谢您签字送我的两本著作。可惜因为学校搬家,邮件延误多时,最近才刚刚读到。关于"无限"的那本,我看不大懂。但是,《徐利治访谈录》一拿起就放不下了。您在访谈中一方面"直言不讳"保持历史真实,另一方面,又能揭示数学前辈的重大贡献和历史功绩,弘扬中国数学发展过程中的正气。我没有做到这一点,很觉惭愧。

与徐利治(左)、胡作玄(右)合影.无锡(1994)

江苏教育出版社,最近会出版我所写的《我亲历的数学教育(1938—2008)》,其中有专节提到您。新补充了以下的文字:

"徐先生在87岁高龄时,和袁向东、郭金海进行了长时间的谈话,最后出版了《徐利治访谈录》,列入"20世纪中国科学口述史"系列丛书(湖南教育出版社,2009年1月)。该书蒙徐先生相赠,读后感慨良多。首先,书中披露了华罗庚、陈省身、段学复等前辈给徐先生的信件,成为第一手的极其珍贵的中国现代数学史料。要知道我们当年的大量书信,历经多次政治运动,包括"文革"的动乱,可说散失殆尽。但是徐先生保留了这份历史。试想,徐先生本人历经"错划"坎坷,要保存这些书信,当需何等的眼光和勇气!也只有真心热爱数学,关注国家数学发展的志士,才能有此等胸襟。其次令我感动的是,徐先生在访谈中以自己切身经历,不避讳,不粉饰,如实记录若干数学史实,非常难能可贵。我也做过一些现代数学史研究,多半是只说好话,回避矛盾,深怕引起纷争。相比徐先生的襟怀坦白,实事求是,就知道自己今后应该努力之所在了。我想,这本访谈录,也许开启了现代数学史研究的一个新局面：回归历史真实，评说历史是非。"

　　这是我的真实想法，并无虚言。该书出版之后，当奉上请教。

　　听说您健康状况很好，令我辈宽慰。联想自己，又无限羡慕。我最近心脏发生房颤住院，更因腰椎管狭窄，致行走不便，已经很难参加各种活动。惟眼睛、脑子尚好，还可以思考。但和您活跃的思维相比，又差了一截。

　　恭请

夏安

张奠宙

2009 年 7 月 2 日

孙泽瀛先生和他的《数学方法趣引》

《数学方法趣引》,一本一百来页的小书,1953 年由中国图书仪器公司出版。科技书是很容易过时的。那么,为什么上海少年儿童出版社要在 2005 年重版呢?思绪把我带到 50 年前。

1956 年,孙泽瀛先生是华东师范大学数学系的系主任,微分几何学家。我则刚刚毕业留校工作。有一次,在孙先生家里,他指着书桌上的《数学方法趣引》(以下简称《趣引》)说:"师范大学,科学研究要和其他大学一样,不同的是要做数学科普,有本事把高深的数学写得让中学生能够懂。这是我的尝试。"孙先生的这一尝试,取得了他自己没有想到的成功。从 1950 年代开始,《数学方法趣引》潜移默化地影响着中国数学。该书一共讲了 8 个著名的数学问题。

头一个是哥尼斯堡七桥问题,以及相关的欧拉多面体定理。它涉及高难度的现代"拓扑学",却写得十分浅显易懂。即使就今天的眼光看,它依然是写得深入浅出、具有数学风采的佳作。1950 年代的无数读者,正是从《趣引》中了解它的来龙去脉。50 年过去了,这一数学经典,一部分已经进入今日的中学教科书。

《趣引》介绍的地图着色问题,1976 年由美国数学家用计算机证明:"只要四种颜色就够了。"四色定理已成为今天的数学常识,在 1950 年代进行介绍,则是高明的预见。

《趣引》还选择"欧拉 36 军官问题"进行介绍。它和"拉丁方"的制作有关,直接应用于"试验设计",现在已经成为运筹学的基础。

"幻方问题",是《趣引》介绍的第五个问题。这是全书唯一和中国有关的问题(河图洛书)。20 世纪后半叶,幻方研究取得重大进展。现在已经基本解决了。当时的年轻人,如果踏着《趣引》的脚步走,也许会有中国人在现代幻方研究上作出贡献。

中国人从《趣引》出发获得重大数学成就的事情终于发生了。包头第九中学的陆家羲,将解决《趣引》中最后一个"还在未解之列"的问题——寇克满女生问题,作为终身奋斗的目标。1965 年,陆家羲成功地解决了这一问题,可惜未能及时发表。1985 年,他完成《论不相交斯坦纳三元系》的论文,引起轰动,获得 1989 年国家自然科学一等奖。在新版《趣引》中,有罗见今教授的详细评论。

陈景润在中学时代就听说"哥德巴赫猜想",陆家羲从科普著作引发"寇克满女生问题",乃是中国数学史上的两段佳话。

《数学方法趣引》的重新出版,促使数学进一步走向大众。它带着历史的沧桑,随着数学前进的脚步,继续用数学问题特有的魅力感染新一代的青少年,为中国数学的未来注入新的活力。

　　　　　　（本文是为上海少年儿童出版社写的书评,供内部刊物使用）

李锐夫先生的"以礼待人"与"绅士"风度

李锐夫先生(1903—1987)

李锐夫原名李藩。华东师范大学副教务长。数学系教授,专长复变函数论研究。1903 年 10 月 7 日出生于浙江省温州平阳县(现苍南)项桥乡李家车村(现钱库镇)。自幼熟读经史,精通古文。练得一手好字,尤其擅长隶书和魏碑。华东师大早先的数学馆,《数学教学》杂志的刊头,都是李先生的手迹。1923 年,李锐夫从温州中学毕业时,在家乡盛行重视数学的社会氛围下,即下定"立志攻读数学和一辈子做一个名教师"的宏愿。

1929 年,李锐夫从南京国立中央大学毕业,获理学学士学位。之后,先曾在江苏省立常州中学等校任数学教师,教绩甚佳。当时,常州中学曾破例为他配备助教,协助他批改学生作业。作为一名中学数学教师,他敏锐地看到当时"三角学"课程的重大缺陷:只能处理 180 度以内的角。1935 年,他为高中生所写的《三角学》一书,由商务印书馆出版。该书在国内首创从任意角出发讲授三角函数,人称"李藩三角",一时风靡全国。现今许多有名学者,在不同场合均表示曾受益于此书。

"以礼待人,真诚相见",是李锐夫的做人信条。他仪表整洁,待人接物彬彬有礼,一见面就给人亲切的印象。他的生活方式是中西结合,择善而从。既讲究中国式的礼貌,也借鉴英国式的绅士风度。他上课时会穿笔挺的西装,也会穿传统的长袍。他的板书,苍劲有力,写得一丝不苟,具有中国传统的书法之美。奇怪的是,上完课之后,全身上下没有一点粉笔灰,依然风度翩翩。他对帮助他改研究生班习题本的助教说:"你改好习题本,要亲手交到学生手里,不能一抛了事。英国的售货员,找零的时候,一定要把钱放到顾客的手里,不可以摆在柜台上,更不可以丢下拉倒。这是对人的尊重。"我们看到的李师母,贤惠善良。她早年缠过小脚,还是典型的南方中国妇女装束。每次客人来,无论年长年幼,辈份多高多低,师母总要奉上一杯茶。所以与他合作多年的老友程其襄教授说:"和李先生谈话，如坐春风。"

由于凡事设身处地为他人着想,使得他的同事、学生和朋友,以至为他看过病的医生、护士、给他开过车的司机或家里的保姆,都尊敬他。他们在有事或有困难时,都乐意找他交谈商量,请他帮助分析处理。总之,与他有过接触的人,都有一个共同的感觉:他是一个可信赖的朋友,一位德高望重的长者。他以雍容大度的风采,获得同事和国内外友人的尊重和高度评价。

他治学严谨,既教书又育人。不仅重智更为重德,以此来培养学生的科学精神。当个别研究生工作松弛时,他就亲自找来谈话,指出做一名人民教师应有的职责,做到真正为人师表。他始终认为不论担任什么职务,自己都是一个数学教授。为此,他常称自己是"三书子"(即一辈子"读书、教书、著书")。在他生命的最后时刻,总结说:"我一生教书,为年青人做点事,仅此而已。"

1987年1月26日李锐夫在上海病逝,享年84岁。

（本文节选自《师魂》.华东师范大学出版社,2011)

文 4-8

记程其襄先生的博学与慎思

与程其襄（中）、许义保（左）合影（1998年于上海华东师大二村程宅）

1910 年 1 月 3 日，程其襄出生于四川万县的一个殷实家庭。父亲程宅安是一位佛学家，母亲左鸿庆是书法家。1929 年，随大姐第一次到德国，主要学习德语。1935 年，第二次到德国留学，主攻数学。先后在柏林洪堡大学、哥廷根大学和柏林大学学习和工作。1943 年通过博士论文答辩，获柏林大学数学博士学位。

程其襄先生的博学，令人吃惊。他懂得佛学和梵文，曾经到上海的静安寺进行学术交流。他能读拉丁文。文革时期，李锐夫先生等翻译《微积分学史》时，有许多拉丁文段落，常常请程先生帮忙。精通德文自不必说。上海曾经翻译过《马克思数学手稿》，程其襄先生是主要参与者。其他如希尔伯特的名著《几何基础》、《德汉数学名词》等的审校工作，曾花费了他的大量精力。

在数学领域，除了函数论是自己的专业领域之外，还涉猎逻辑学。晚年曾研究自然辩证法，注意到"非标准分析"，进而深入到数理逻辑的研究。1978 年招收数理逻辑方向的研究生。《辞海》里的数理逻辑学词条，多半是由他撰写或校订的。

改进黎曼积分是程先生的关注热点。文革期间，纯粹数学无人问津。但是他在跑图书馆时注意到了一种新出现的"非绝对积分"。1979 年去西北师范大学讲学时，在国内首先介绍"汉斯多克积分（Hanstock Integral）"。随后西北师大的丁传松教授即开始非绝对积分的研究，后来邀请汉斯多克的学生——新加坡南洋理工大学的李秉彝先生来华合作，在中国形成了一个新的研究方向。

程先生的许多奇思妙想，也引人注目。早年讲授数学分析里的区间套定理，他就说天安门上有国徽，国徽里又有小天安门，小天安门里又有小国徽，如此继续，最后趋向于0。这是一个绝妙的比喻。当然，在"文革"时期，免不了要被上纲上线，批判一通。

还有一个问题至今无人解答。程先生问："一个三角形，作高后分成两个三角形，这条高只能属于其中的一个三角形，另外一个三角形岂不是缺了一条边吗？"这实际上是问：我们常常说的三角形，究竟是包括三条边在内，还是不含边的？这样的问题，很难回答。也只有像程其襄先生这样博学所思的学者才会注意到。

程先生在"数学分析研究生班"上主讲的《分析选论》课程，大多取材于德国的数学著作。其中的实数理论、戴德金分割、有限覆盖定理、局部线性、黎曼积分的存在定理、曲面面积、外微分形式，都有全新的处理。原始的思想、理论的构建，精致的反例，使人流连忘返。程先生常说："仙人会点石成金，将两个弟子手里的石头都点成了金子。第三个弟子，不要金子，却想要仙人的'手指头'。我们要学第三个弟子。"在研究生班的学生圈子里，流行的说法是"程先生是数学分析的'程圣人'"。

程先生讲话带四川口音，声音不算洪亮。板书密密麻麻，经常用手擦黑板，浑身粉笔灰。他备课非常认真，却不写讲稿。要点写在香烟纸壳的背面，偶尔看一下，主要靠自己当场思考，展示思考过程。这使得学生们受益良多。确实，教师的表达固然很重要，但是更重要的是学术内涵，在"研究班水平"就更是如此。

程先生曾经深刻地指出，微积分的精髓在于局部性质和整体性质的统一。局部分析得透彻，整体性质才能揭示得深刻。微分中值定理之重要，在于它是从局部过渡到整体的桥梁。1991年，数学大师陈省身在接受笔者采访时也说[①]："微分几何趋向整体是一个自然的趋势，令人意想不到的是，有整体意义的几何现象在局部上也特别美妙。"这使我联想起，程其襄先生对微积分也说过类似的话，进一步觉得这样的领悟真是弥足珍贵。实际上，像局部与整体这样的话，本来是微积分的核心思想，但在微积分教科书上却是找不到的。

晚年的程先生，生活简朴。祝寿会上仍然是一套中山装。他喜喝咖啡，是在德国生活多年养成的习惯。几次设宴招待朋友，也是到"红房子"西餐馆。从不参

---

① 张奠宙，王善平.陈省身文集.上海：华东师范大学出版社，2002.第57页.

加任何体育活动,却爱好围棋。1950 年代,曾在上海高校圈内参与对弈。其中一位是杨振宁的父亲杨武之。1988 年,我从柏林开会归来,带来一些柏林的老照片,他很兴奋,动过回德国看看的念头。他的两个孙子,都是读数学的,后来也都去了美国,几次邀请他去美国看看。但是由于前列腺增生,旅行不便,最后都没有去成。

程先生离开我们已经 10 年了。他的一生,没有跌宕起伏,看不到波涛汹涌,落差千丈。他像一条小溪,浸润着周围的土地。回首往事,程先生以他的深沉思考,在华东师大数学系的历史上,留下了一段美丽的风景。

(本文节选自《师魂》.华东师范大学出版社,2011)

夏道行先生

1963年，当时的华东师大数学系认识到，在学术天平上没有师范与非师范之分，师范大学一样要搞科研。在数学系的发展规划中，我的专业研究方向是泛函分析。于是，派我去复旦大学进修，照现在的说法就是访问学者，导师是夏道行先生。

夏道行先生

建国之初的1950年代，国内懂泛函分析的人不多。北方有科学院的关肇直、田方增两位前辈，还有杨宗磐先生；吉林大学则有江泽坚先生，至于上海数学界则几乎是空白。1956年，夏先生有机会到苏联进修，接触了盖尔芳特（I. M. Gelfand）等大师，参加广义函数的讨论班，很快有成果发表。尽管由于不正常的原因而中断了访问，夏先生还是把以"无限维空间"作为研究对象的泛函分析学科带回了复旦大学。

与前面提到的前辈相比，出生于1930年的夏道行先生相对比较年轻。说起来，他只比我大三岁，但在学问上差了好几个档次。能有如此著名的学者为导师，当然是一种幸运。夏先生才思敏捷，善于开拓，强于攻关。在他的面前，似乎没有不可攻克的难题。记得他构造的亚正规算子模型，复杂得很，一黑板都写不下。可是在他处理起来，却像水银泻地，举重若轻。这自然要勤奋，我却认为那是一种天分。

在他的带领下，复旦大学的泛函分析研究迅速取得了国内领先地位。不定度规空间上的算子理论、线性算子谱论，成果累累。他的专著《无限维空间上的测度与积分》，1972年美国将之译成英文发表，这在当时的中国非常罕见。

线性泛函分析，在20世纪初发展起来并迅速达到高潮。到了五六十年代，当我们开始追赶的时候，大局已定，剩下的问题都是一些难啃的硬骨头。在线性算子理论研究上，夏先生的工作无疑处于世界前列。不过，由于这时推动线性算子研究前进的外部实际背景很少,通常只从唯美主义的角度加以发展,不免事倍功半,未能对主流数学发生重大影响。我想,如果夏先生能早几十年投入这一领域,以他的功力,一定会有全局性的贡献。

夏先生给我的印象是非常率真,没有城府,玩点小幽默,平易得很。由于他专注数学,沉浸于自己的数学圈之中,对于政治运动、社会环境、人际关系等,总是一副平常心,像个小学生,不会唱反调,却也没有特别的关注,更无刻意的表态。这样一来,就难免有"白专"之嫌。不过,复旦大学的杨西光书记等领导,以爱惜人才出名。所以,夏先生虽受到过一些小范围的"修理",却没有遭到太大的整肃。

"文革"之后,他迅速在学术上恢复了活力,成果迭出。1980年,当选为中国科学院学部委员,即今日之院士。由于国家进入改革开放时代,对外学术交流大为方便。不久之后,就旅居美国,离开了复旦。

夏先生在美国著名的范德比尔特大学(Vendelbilt University)数学系任教授,直至退休。1991年,我为科学出版社的《中国现代科学家传记》写"夏道行"的词条,曾和他有过一些通信。我去美国访问时也有过几次电话联系。1995年之后,我不再做算子谱论的研究,彼此就很少联系了。2000年,夏先生来华东师大演讲,我见他神采奕奕,非常健谈。2009年,苏州大学举行算子理论的国际研讨会,也为夏先生祝贺80寿辰。我已经报名、联系好了车子,却因临出发之前突发房颤,只好作罢。算起来,至今有10多年不见了。听说他身体很好,非常高兴。

在此,再次祝愿他健康长寿。

(本文系首次发表)

数学证明·数学意识·数学文化

——为萧文强先生荣休而作

进入 21 世纪,我很快就退休了。现在,文强先生也即将退休。20 世纪五六十年代学习和加入大学工作的人,大半要盛装退出教坛。不过,大约暂时还不会画上句号罢。以文强先生的数学功力和多才多艺,我想他一定还能为数学和数学教育做许多事情。

最早知道萧文强的名字,是从《数学证明》一书开始的。他在书里对各种各样的证明进行介绍、分类,还告诉我许多鲜为人知的故事。比如,概率论大家杜布(J. L. Doob)曾经作过统计,结论是现在发表的数学论文,平均每两页就会有一个非印刷性的错误,但是这些错误绝大部分都是可以改正的。这一事实使我想到:数学研究,贵在创意。细节当然不可忽视,但也不可苛求。联想到数学教育上,中国大陆欣赏的是"数学是思想体操"的箴言,宣扬的是"数学就是逻辑"的信条。这好像把音符当作音乐,线条和颜色看作美术,失去了数学的真正价值。记得项武义教授对笔者说过:"把数学看成逻辑,等于把光彩照人的数学女王拍成 X 光照片,剩下的只是一副骨架了。"

时至今日,数学证明仍然是一个沉重的话题。大陆近几年来的数学课程改革中,平面几何是讨论的焦点之一。先前,在初中阶段有大量的平面几何论证要求,新的《9 年义务教育数学课程标准》做了大量的删减,多用"量一量"、"做一做"的方法得到几何定理。到了初三,上述"标准"又要求学生体会"证明的必要性"。那么量出来的、拼出来的几何定理算不算证明? 用拼图方法得到的勾股定理证明,是否算数? 如果说:"因为对称,所以圆外一点对圆所作的两条切线相等",能否算作证明? 我的想法是要将中小学的数学证明分类,从直观感知,操作确认,到演绎证明分成三类。都承认其一定的合理性,因时而异,各处不同。总之,文强先生研究数学证明的课题,意义深远。

萧先生博学,他读的中国古书颇多。我经常从他的文章里知道一些中国古人的言论。以下所引清代学者袁枚的话，就是从萧先生那里学来的："学如箭镞，才如弓弩，识以领之，方能中鹄。"(《随园诗话》。)这段话，将知识、才能、意识三个层次说得非常明白。用在数学上，更是贴切。我在引用袁枚这段话的时候，特别强调数学意识的重要。

萧文强先生和我都是"三栖动物"：数学、数学史、数学教育三方面都做一些。在数学史方面，我向萧先生学习很多。1998 年在法国马赛的 HPM 会议上，他是我那一小组的组长。近年来，我关注数学文化。特别注意到清中叶以来考据学派对数学教学的影响。他曾在文献上给我许多帮助。

说到数学文化，前几年，丹麦的尼斯(Mogens Niss，前 ICMI 的秘书长)给我一篇文章，题目是《数学教育与民主(*Mathematics Education and Democrecy*)》，读了之后，颇有感触。于是又想到古希腊和古代中国的数学文化如此不同，也许和"民主"有关。

这里不妨从"对顶角相等"的命题出发，思考不同的数学文化。两条直线相交，形成四个角，共两对。彼此相对着的一对角称为对顶角。古希腊数学家欧几里得撰写的《几何原本》里证明了一个定理："对顶角相等"。在常人的眼里，这算什么数学定理？一眼就看出来了，去证明这么简单明了的结论，岂不是庸人自扰，故弄玄虚？但是《几何原本》里却一本正经地加以证明：

命题 15：对顶角相等。证明：因为角 $A+C=B+C=$ 平角。根据公理 3：等量减等量，其差相等。因此，$A=B$。

这是典型的用公理进行逻辑推演的过程，展现了古希腊文明在探求真理上的理性思维，几千年来，一直是人类精神财富最宝贵的一部分。同样，中国古代数学也具有光辉的成就。标志性的著作《九章算术》在春秋战国时期已经初步形成。书中有丈量田亩的"方田"等共九章，因而得名。然而，我们翻开《九章算术》，根本看不到"对顶角相等"这样的命题，甚至没有明确地提到"角"的概念。这究竟是为什么呢？主要在于古希腊数学和中国的数学是在两种不同文化的影响下产生的。

首先，中国古代数学崇尚实用。《九章算术》中的问题，多半是谋士(包括数学家)向君王建议管理国家的理念和数学方法。比如，为了核实财产，需要丈量田亩；为了抽税，需要有比例计算；为了水利工程，需要计算土方；为了测量天文和地理,有时需要解方程。计算的便捷和精确,成为中国数学的特征。这样一来,中国的传统数学成了"管理国家"的"文书"。如果说,中国数学是世界上"管理数学"的最早文献,大概是不会错的。也正因为如此,诸如"对顶角相等"这样的问题,和管理数学没有什么关系,自然就不在研究的范围之中了。

然而,古希腊的城邦实行"奴隶主的民主政治"。那里由男性奴隶主选举执政官,提出预算,决定是否宣战等重大问题。虽然这是少数人的民主,对大多数奴隶来说,并无民主可言。但是在这种"小民主"制度下毕竟要选举,于是有了在选举中说服对方,争取选票的需要。反映在文化上,便有了"说服"对方,进行证明的动机。他们认为,证明的最好途径是从大家公认的真理(公理)出发,通过逻辑推演得到结论。在这样的文化背景下,用"等量减等量"的公理证明"对顶角相等",就是很自然的事了。不同的文化孕育了不同的数学。古希腊的数学闪耀着理性思维的光辉,不迷信权威,不感情用事,不人云亦云,而是客观地、冷静地、逻辑地进行思考,探求真理。这,就是我们应该向古希腊文明学习的地方,也是我们学习几何证明的重要目的之一。

那么,中国传统数学就不重要吗?不。中国传统数学以计算见长,具有"算法数学"和"数学机械化"的特征。祖冲之在此基础上,计算出圆周率在 3.141 592 6 和 3.141 592 7 之间,两个近似值是约率 $\left(\dfrac{22}{7}\right)$ 和密率 $\left(\dfrac{355}{113}\right)$。这是数学史上一个重大的贡献。到了公元 2000 年,吴文俊因"数学机械化方法"的重大数学成果获得第一届"国家最高科学技术奖"。他的贡献之一是用计算机能够证明所有已知的平面几何定理,而且发现一些新的定理。他是在信息时代既能继承中国古代"算法数学"传统,又能发展古希腊数学精神的典范。

学习数学,应该学习相应的数学文化。同样,掌握了古希腊的数学理性思维过程,也能更深刻地理解民主精神。

(本文载于《萧文强教授荣休文集》.香港数学教育学会,2005 年 7 月)

第五部分
序言选粹

多年来,应朋友之约作序不少。其中有一些序言不是就书论书,而有题外之意,也属一种评论文字。

马立平博士访问华东师大.摄于晚宴前(2010)

《华人如何学习数学》中文版序

英文版《华人如何学习数学》早于 2004 年出版。现在,该书的中文版也问世了。这是几代华人数学教育学者努力的结果。它的出版可以给我们一些有益的启示。

本书出现在 21 世纪初并非偶然。大约从 20 世纪初开始,东亚地区的华人社会取消了私塾,普遍实行学校制度,按照班级授课,数学课程按照西方的标准重新设计。西欧、北美的中小学数学教材直接译成华文使用。中国大陆在 1950 年代还向前苏联学习数学教育。经过整整一个世纪的学习消化,华人数学教育逐渐有了自己的特色。

1990 年代开始,华人的数学学习引起了世人的关注。国际数学教育测试(IAEP,TIMSS,PISA)一再证明了华人地区学生的数学成绩十分优秀。但是另一方面,华人的数学学习给人的印象是,停留在记忆、模仿、练习、考试等等缺乏主

2002 年,在华东师大数学系举行《华人如何学习数学》编委会扩大会议时留影. 左起,前排:唐瑞芬,黄毅英,张奠宙,范良火. 后排:徐斌艳,章建跃,蔡金法,李士锜,鲍建生

动性的学习层面。在数学教育研究领域内,也很少听到华人的声音。这就是本书中常常提到的"中国学习者悖论"。西方的学者率先对这一悖论进行探究,一系列的著作随之诞生。1996 年,时任香港大学教授的澳大利亚心理学家威特金斯和比格斯出版了《华人学习者:文化在心理和传承上的影响》[①]一书,对"中国学习者"给予正面评价。人们自然要想,虽然外部的观察会比较客观和清醒,但是内部的审视一定会更真切,更深刻。于是,在 21 世纪之交,华人数学教育学者行动起来了,其中包括一批接受西方科学训练的年轻学者。他们为了寻求这一悖论的答案,以极大的热情进行了多方位的探索,以圈内人的视角,回答"华人如何学习数学"的问题。

那么,该如何来回答这样的问题呢?记得画家罗工柳谈中国油画创作时说过[②],我们先要"打出去",老老实实地学习西方的油画,然后再"打出来",创造民族风格的油画作品。数学教育的研究也大抵如此。范良火等四位编者坚持请各位作者按照数学教育研究的国际规范进行撰写,让国际上的读者读懂,力求能进入国际数学教育的主流圈。现在的这本书,可以说努力地做到了。

本书的出版,是华人学者重新审视自己的一次机会。应该说,中国的文化传统以及长期累积的数学教育经验,此前并没有被非常仔细地研究过。近百年来,我们的数学教育的理论和实践,总是单向地从国外输入,在"数学教育"的国际超市里挑选各种产品拿来应用。至于中国和海外华人地区自己的数学教育,尽管经验不少,却很少有人认真去总结。连自己的长处在哪里都不知道,遑论向外输出?所以,在数学教育上,我们一直是"入超"。

前面提到,澳大利亚学者在研究"华人学习者"。事实上,这样的任务本应该由中国人自己来完成,然而中国的教育家和心理学家却沉默着。这不禁令人联想到,早先的"敦煌学"在欧洲,在日本。只是在解放前后经过几十年的努力,才使"敦煌学"在中国。时至今日,难道"华人学习者"的研究,只能请外国教育家来研究吗?不得已,华人数学教育学者只能自己来研究。在这个意义上,用英文写成的 *How Chinese Learn Mathematics* 的确是一个里程碑,它标志着中国和华人地区数学教育研究走向世界的一个新起点。

---

① Watkins DA, Biggs J B. *The Chinese learner: Cultural, psychological and contextual influences*. Hong Kong: CERC & ACER, 1996.
② 罗工柳. 罗工柳艺术对话录. 太原:山西美术出版社,1999. 第 40 页.

环顾华人集中居住的几个地区,如中国的大陆、香港、台湾三地,其政治制度、经济发展、教育政策,乃至历史环境都各不相同,但是数学教育的理念、教学内容和方法却非常相似。个中原因,恐怕只能到文化传统的领域中去寻找。从《学记》到朱熹的学习理论,知识分子的功名追求、家庭对子女的严格管束、熟能生巧的教育古训等等文化传统,都会对数学教育产生影响。本书有许多文章就属于这一方向的研究。

此外,我们还应该注意,今天华人学习的并不是中国的传统数学,而是道道地地的"西方数学"。中国古代数学崇尚应用,那么华人学生为什么能够学好抽象的、公理化的、演绎推理式的古希腊数学呢? 事实上,中国的文化传统中,多有学习"抽象"事物的习惯,不必依赖具象的事物,就能够进行抽象的思考。例如,"仁"、"礼"、"道"、"阴阳五行"等等都是很抽象的概念,华人学子都可以学习掌握。同样的道理也会适用于数学抽象概念、法则和命题的学习。旅美学者蔡金法的研究表明,做分数加法,美国学生习惯借助切蛋糕的形象方法,而中国学生却善于用符号进行运算①。至于华人学者是否善于进行演绎推理,自从清代中期戴震等人形成考据学派之后,对此也并不陌生。考证训诂是十分严谨的推理。逻辑演绎已经渐渐溶入了知识分子的血液,并非是人们想像的那样格格不入②。

晚近以来,关于华人数学学习的"效率"问题成为大家关注的焦点之一。西方的大多数教育学和心理学理论,只是从一般的认识论角度出发,主张"探究"、"发现"、"实践"的直接经验。其实,人的知识大多数来自间接经验。学生的任务是在短短的几年时间里,把人类几千年来积累的知识精华初步加以掌握。这样的学习要求,没有高度的教学效率怎么成?

华人数学教育的一个显著特点正是注重学习效率。本书中的大量例证表明,华人的数学学习能在有限的时间内,掌握更多的数学知识和技能。几篇关于"数学变式"的研究,就相当深入地解剖了华人学习的特点。事实上,华人学生的数学成绩好,还与重视"基本知识和基本技能"的教学密切相关:华人学生有良好的记忆(九九表、公式法则的背诵),熟练的运算速度(数与式的快速运算,包括心算),

---

① 蔡金法."华人数学教育论坛"上的演讲.东京,2000.
② 张奠宙.清末考据学派与中国数学教育.科学,2000,54(2):43-48.

逻辑的严谨表达(在相对严谨的标准下咬文嚼字地学习数学命题),以及"变式"的重复练习(在习题是变化中求发展)①。

在回顾华人地区数学教育发展的时候,一个重要的经验是,在引进国际数学教育理论的时候,需要进行仔细辨析,避免囫囵吞枣。关于建构主义理论的认识就是这样。

名著《教育中的建构主义》②译成中文出版,书的封底写着:

"建构主义——过去的十年见证了人类有史以来学习理论发生的最本质的变化,人类已经进入创建学习科学的新纪元,一场彻底改变人类学习的理念与方式的革命已经兴起。"

评价之高,无以复加。建构主义教育在学术上有很重要的价值,大概没有人否认。至于是不是"新纪元"和"革命",还是看看再说。这里,我们且关注它在实际中的"指导"意义。2002年,我访问美国费城的阿卡迪亚大学,接触了当地一个有名的教育网站,其中对"建构主义教育"的解释是:

"学生需要对每一个数学概念构造自己的理解,使得"教"的作用不再是演讲、解释,或者企图去"传送"知识,而是为促使学生进行心智建构创设学习环境和条件。这种教学方法的关键,是将每一个数学概念按皮亚杰的知识理论分解成许多发展性的步骤,这些步骤的确定要基于对学生的观察和谈话。"

当时,我就向负责网站的教授表示不能接受这一观点,认为过于极端了。后来,我也从中国的网站上看到这样的论述:

"在建构主义课堂中,重点从教师转到了学生。课堂不再是教师(专家)向被动的学生灌输知识的地方,学生不再是空的容器等着被注满。在建构主义模式中,要促使学生主动参与到自己的学习过程之中。教师的作用更多的是促进者,他们指导、调停、鼓动和帮助学生发展与评估自己的理解和学习。教师最大的任务就是提好问题。"

不管建构主义的教育理论如何"革命",上述两个对课堂教学的论断恐怕无法令人赞同,因为它们违背了教育的基本规律。试想,教学不能进行演讲、解释,不

---

① 张奠宙,戴再平.中国的"双基"数学教学与开放题问题解决.哥本哈根:第10届国际数学教育大会45分钟演讲,2004.

② 来斯列·P·斯特弗,杰里·盖尔.教育中的建构主义.上海:华东师范大学出版社,2002.

要试图"传送知识"，只要提出"好"的问题就行，这行得通吗？难道教师的责任就是"为学生创设学习环境和条件"，让学生自己在黑暗中摸索吗？教学还需要效率吗？没有教学效率，一万年以后怎么办？忽视效率，是建构主义教育理论的缺陷。

事实上，"传送"知识是人类繁衍的本能行为。至于如何传送，我们必须符合"受传送者"的知识结构，即要启发式，不要填鸭式，让学生独立思考。俗话说："师傅领进门，修行在个人。"教师不能直接把知识灌进学生的脑袋。这些常识，本来大家都是知道的。现在用建构主义的学说，如能把它更加科学化、理论化，当然是一种进步。然而，如果将它庸俗化，教师不过是"合作者、组织者、引导者"，谁主张教师在课堂教学中应该发挥主导作用，就是保守、落后，恐怕是违背客观教育规律的。

当然，华人的数学教育决不是十全十美。华人的数学教育既有长处，也有缺陷，有些问题非常严重。我们在培养学生的创新、发现、探究精神方面，还远远落后。社会环境对数学教育的束缚相当严重。严酷的考试文化和僵化的评价机制不断地在侵蚀着年轻学生的创造热情和理想。中国数学教育改革仍然是硬道理。向国外学习先进的数学教育理论和实践，仍然是一项紧迫的任务。任何故步自封的想法都是十分有害的。《华人如何学习数学》在揭示自己弱点方面，并未深入。我想，那恐怕是另一本著作的任务了。

最后，我们欣慰地看到，华人数学教育界的学者是高度团结的。这在英文版的写作以及中文版的翻译中都显示出来了。为了华人数学教育研究走向世界，大家不计功利，倾注了无比的热情和忘我的努力。这是我们的希望所在。有了这样良好的开端，华人数学教育研究一定会有灿烂的明天，也必将进一步走向世界。

张奠宙

2005 年夏于华东师大数学教育研究所

（本序文收于《华人如何学习数学》(中文版).江苏教育出版社,2005）

马立平《小学数学的掌握和教学》序

马立平博士的名著《小学数学的掌握和教学——中美教师对基础数学的理解 (*Knowing and Teaching Elementary Mathematics：Teachers' Understanding of Fundamental Mathematics in China and the United States*)》1999 年甫一出版，便风靡美国。记得 2000 年夏天在东京举行第九届国际数学教育大会(ICME－9)的时候，凡见到美国同行，无论在会场上还是饭桌上，都会谈到这本书。赞成的固然有，质疑的也不少。但是，以后的事实表明，该书的影响越来越大，以致到了美国某些州和某些地区的小学数学老师几乎人手一册的程度。接着，韩文、西班牙文和葡萄牙文又相继出版。现在，这本直接涉及中国数学教育的书终于也有了中译本了，广大中国读者应该会从中获得许多教益，值得期待。

世界的数学教育正在逐渐融合。我们从美国同行那里，吸取了"问题解决"、"建构主义数学教育"等许多优秀的理念，并深刻地影响了新世纪的课程改革。反过来，美国近来也在向许多原来认为教育理念比较落后的东亚各国中，看到自身的一些不足。其中，马博士的这本著作使得中国数学教育进入了美国同行的视野，第一次真实地接触到中国数学教育的某些特征。无疑，这是中美数学教育交流中一个里程碑式的事件。

中国数学教育并非全无是处，以致必须彻底转变观念，抛弃传统。相反，中国的某些长处往往自己都不认识。像本书所揭示的某些结果，国内研究的就不大够。事实上，要正确地认识自己并不是一件容易的事情。

马博士总是自称这是一本"小册子"，但是它经历了博士论文的深入研究过程，又专门花了三年时间进行修改，才付诸出版。没有如此长时间的大力研究和打磨，哪里会有后来的成功？为了让美国和世界的同行了解中国，需要花力气。我想，我们今后在研究选题上、研究方法上、表达方式上，都可以从中学习到许多东西。

马博士是一位独立的思考者和研究者。由于不愿迎合某些时尚的潮流，她没有到美国的大学谋求教职,也不愿申请政府资助的任何项目。2006 年暑假我们在香港教育学院相遇,她说是"道不同,不相为谋",令我思索良多。但是,她并不孤独,却受到更多的尊重。那年 4 月,她已受邀参加布什总统任命的一个有关数学教育的委员会,几年内风尘仆仆,为发展美国数学教育提供了许多建议。但是,这不是"职位",委员会的工作已经结束。她仍然是"布衣"知识分子。当然,由于环境的不同,人生的道路可以有多种选择。

中国数学教育正在改革之中。几十年来,中国的"教育革命"和"教育改革"一直没有停止过。改革必然会有进步,但是也会有缺失。"知己知彼,百战不殆"。希望本书的出版,能够以国外的视角更准确地审视自己,把自己的事情办得更好些。

因译者之情,写了以上的话,权作为序。

张奠宙

2010 年 6 月

于华东师范大学数学教育研究所

(本文收于马立平《小学数学的掌握和教学——中美教师对基础数学的理解》.华东师范大学出版社,2011)

《第二届数学开放题教学研讨会文集》序

20世纪90年代以来,在"素质教育"和"创新教育"口号的推动下,中国数学教育出现了许多新的研究成果。"数学开放题教学模式"的研究是其中十分突出的一个。

开放题教学(Open Ended Problems Teaching Approach)原出于东邻日本,随后在美国、芬兰、德国等国家得到传播。但是,发扬光大,具有全国性影响的开放题教学,大概只有中国。

"上通数学,下达课堂",这是新加坡国立教育学院李秉彝教授对数学教育提出的要求,这个要求不能算高,但是真正能够做到这一点的并不多。我们时常看到一些大块文章,只在教育学、心理学的圈子里说话,却不谈数学。还有一些虽然说到数学,就解题论解题,却对课堂教学的改革没有太多的影响。久而久之,竟会使人觉得"数学教育研究"成了可有可无的工作,实效很少。

"数学开放题教学"的研究,则完全不是这个样子。戴再平教授主持的这项研究,一开始便注意和中国的"数学双基"教学密切联系,出现了以"钟面问题"、"简单邮路问题"等为代表的一批优秀开放题,使得开放题不再像"智力测验题"似的游离于日常教学之外。从1998年的第一次会议以来,开放题进入国家的教育文件,编入中学数学教材,更重要的是,开放题进入全国性的高考和地方统一的中考,以至成为广大数学教师"喜闻乐见"、"耳熟能详"的教学内容。一项数学教育研究,能够有如此重大的社会影响,确是非常罕见的。我们说它具有中国特色,也正在于此。

有些人觉得出几个题目没有什么了不起。其实,"数学开放题教学"的成功,具有深刻的社会背景。"创新教育"的提出,发散思维的要求,学生探究教学的兴起,都可以用开放题为载体。开放时代研究开放题,说它成为时代的产物,并非偶然。当然,由于开放题教学还是新事物,许多教学措施还不完备,理论上的思考也欠深入。至于有些"开放题教学"和试题评价上出现"开而不放"的现象,更是前进中难以避免的问题。我们希望,这朵具有中国特色的数学教育鲜花,能够在未来中国数学教学领域内得到良好的培育,在全国、乃至在国际数学教育进步中昂首绽放。

现在,"第二届数学开放题教学研究学术研讨会"正式举行了。理论研究、实践探索、问题新编、教学案例、考试评价等等方面,都有所涉及。这本论文选,只是研究工作的一部分。数学开放题教学的研究,将会是一个国际性的活动。我们将继续向国际上一切先进的理论和经验学习,结合中国的实际,在学术交流的过程中得到不断的提高。

张奠宙

2003.11.10

(本序文收于《第二届数学开放题教学研讨会文集》.该文集供会议参加者使用,未曾正式出版)

王林全《现代数学教育研究概论》序

王林全教授的《现代数学教育研究概论》即将出版。我有幸看到付印前的电子稿，觉得确实不同寻常。这是一个学者的个人思考，是作者20年数学教育研究的总结。

中国数学教育固然有十分悠久的历史，却只在1919年的五四运动前后才融入世界数学教育的主流。近百年来，中国数学教育学习过日本，也学习过欧美。中华人民共和国成立之后，又向苏联学习。到了1960年代，终于有了自己的数学课程，积累了自己的经验，初步有了自己的理论。我想，那是中国数学教育的一个高峰。

当时序进入21世纪之时，中国数学教育面临新的形势。随着9年义务教育的普及，大众数学教育提上日程。国际上，研究华人数学教育的兴趣日增。这是出于华人数学学习悖论：一方面，华人学生在世界各种数学测试中成绩名列前茅；另一方面，华人地区的数学教学状况似乎"太陈旧"——老师讲得多，学生活动少；数学教学强调记忆、模仿，缺乏探究、创新。这样的悖论，迫使我们反思，中国数学教育的长处和短处究竟在哪里？知己知彼，才能百战百胜。王林全教授的这本书，正是在这样的情势下出现的。我们期望从中看到我们在世界数学教育圈所处的地位，寻找我们未来的走向。

林全教授任教于华南师范大学。那里有一扇通往外部世界的"南风窗"，国际数学教育的信息透过此窗源源而来。我想，王林全教授是中国改革开放以后派往国外研究数学教育的早期资深学者，他所做的许多中外数学教育比较研究，是一项重要的收获。它对于认识我们自己，具有重要的意义。

本书的第三部分是我最喜爱的章节。其中包括数学课程的发展研究，数学教学研究，数学学习论研究，数学教育心理研究，国际数学教育趋向研究，高考数学科命题及学生答卷研究等。这是作者用自己的眼光观察世界数学教育的进展，以作者在国内外参加一系列数学教育学术活动所获得的研究成果。如学生"数学观"调查这种第一手的资料,是中国数学教育界的一份宝贵财富。

林全教授和我有十余年的交情。我们一直是互相支持、彼此扶助的朋友。虽然我们都已经老了,但是为中国数学教育服务的热忱并没有改变。我们会一如既往,把自己在中外数学教育活动中积累的经验,不断加以整理,留下一段历史的见证。

在《现代数学教育研究概论》出版之际,写了以上的话,与作者共勉,也趁此机会向读者请教。

张奠宙

2005 年夏

于华东师范大学数学教育研究所

(本序文收于王林全的《现代数学教育研究概论》.广东高等教育出版社,2005)

忻再义《初中数学学生自主性课外活动设计》序

忻再义老师发来一份电子邮件,容量很大。打开一看,原来是一部书稿。只看目录,就知道这不是一般的"考试辅导书",而是花大气力编写的中学生数学读物。素质教育提倡多年,真正为学生启发数学智慧的作品并不多。忻老师这一本,是一个新的贡献。

本书写的是面向初中学生的数学活动和数学故事。这很难。初中数学,多半是基本知识和基本技能,数系扩充,代数运算,规则多多,演练频频,内容相对比较枯燥。怎样在初中阶段围绕"双基"组织数学活动,需要发挥更多的想象力。忻老师从体育竞赛开始,接着算 24 点,所用数学知识不多,却牵动数学思考能力,使得很平常的数学内容,平添一份乐趣。

这 30 个数学活动,既有中国传统的,如七巧板、九宫图(幻方),也有国际流行的,如一笔画——七桥问题、逻辑推理等。更有一些贴近当代现实的内容,如奖励方案设计、住房布局设计、储蓄等问题。还有比较新颖的课题,如计算器的使用、估算、概率的实验、地图上数学等。在展开的时候,具有时代气息。特别地,这些活动,都和"双基"有密切的联系。因此既可供学生在课外阅读,也可由教师在课内选用。书中 30 个章节,适时适度地进入课堂,将会增加数学教学的活力。参与这些数学活动,难道会耽误在中考里获得高分? 我不信。也许只有这些活动的参与者,少小立志,敢于创新,日后才是国家建设的栋梁。

数学是美丽的、丰富多彩的。中国的数学教育,是在双基的基础上谋求发展。没有基础的发展是空想,没有发展的"双基"是傻练。希望忻再义老师的这本著作,能够为双基的发展作出贡献。

张奠宙

2006 年 1 月

于华东师范大学数学教育研究所

(本序文收入忻再义主编《初中数学学生自主性课外活动设计》. 上海教育出版社,2006)

赵焕光《数的家园》序

在数学教学过程中,数学内容是主导因素。内容决定形式。数学教学设计的优劣,在乎数学内容的取舍,数学本质的呈现,数学价值的探究。至于采用怎样的教学方法,毕竟要服从内容的需要。好比吃饭,吃什么永远比怎么吃更重要。如果一味颂扬刀叉吃饭如何文明,鄙薄用筷子吃饭又如何落后,却不问饮食的营养和口味,大概是没有人会同意的。可惜的是,时下流行的是教学理念决定一切,教学方法成了决定性因素。于是乎,教师进修,不再学习数学,更不研究数学,只在多媒体运用,师生对话,学生活动,合作讨论等等上下工夫。这是把马车放在马的前面,弄颠倒了。

有鉴于此,数学教育的前辈告诫我们:要给学生一杯水,教师得有一桶水。数学教师得有广阔的数学视野,坚实的数学功底,深邃的数学思考,才能在教学中游刃有余,举手投足都能体现数学的价值,给人真善美的享受,潜移默化地影响学生。不然的话,你凭什么在教学中起主导作用呢?

不久前,赵焕光教授编著的《数的家园》书稿,作为《中学数学文化研究通俗读本丛书》之一,放到了我的案头。翻阅之后,觉得很有特点。因此如果中小学的数学老师们能够读一下,当会给你必须储备的那"一桶水"增加分量。

我欣赏《数的家园》是因为它有浓厚的人文主义品位。长期以来,数学受绝对主义数学哲学的影响,只认公理化的抽象结构,摒弃人文主义的思考,以及与人类社会文化的深刻联系。一种极端的思想是,数学最好没有自然语言,能够全是符号公式的数学才是上品。其实,数学是人做出来的,数学家的思想行为必然打上社会文化的烙印,具备当时当地的人文气息。例如,古希腊的奴隶主"民主政体",虽然是少数人的民主,但是少数人之间的"平等"要求用说理方法,以争取别人的支持,这就孕育了演绎推理的数学体系。另一方面,中国皇权政治体制,则要求知识分子为帝王的统治服务,因此产生了以田亩测量、赋税征收、徭役分配、土方计算等等实用的"国家管理数学"。

《数的家园》的另一特点是体现数学本质,用 20 世纪的布尔巴基学派的结构主义观点,把数的扩张作为一个整体层层递进,抽丝剥茧地加以解剖,有很强的科学性。但是,本书不像先前的一些所谓"高观点"下的抽象叙述那样生涩难懂,而是把思考过程展现出来。加之配置了许多历史过程的描述,使读者觉得数系扩张是很自然的事,并非天上掉下来的"林妹妹"。

数学,其实在意境上和文学相通。体会数学的意境,是一大乐趣。在这一点上,焕光教授的著作,与我的追求有某些共同之处。因作者之请,欣然为之序。

张奠宙

2007 年深秋于华东师范大学

(本序文收于赵焕光的《数的家园》.科学出版社,2008)

沈文选等《中学数学拓展丛书》序

我和沈文选教授有过合作,彼此相熟。不久前,他发来一套数学普及读物的丛书目录,包括数学眼光、数学思想、数学应用、数学模型、数学方法、数学史话等等,洋洋大观。从论述的数学课题来看,该丛书的视角新颖,内容充实,思维深刻,在数学科普出版物中当属上乘之作。

阅读之余,忽然觉得公众对数学的认识很不相同,有些甚至是彼此矛盾的。例如:

一方面,数学是学校的主要基础课,从小学到高中,12 年都有数学;另一方面,许多名人在说"自己数学很差"的时候,似乎理直气壮,连脸也不红,好像在宣示:数学不好,照样出名。

一方面,说数学是科学的女王,"大哉,数学之为用",数学无处不在,数学是人类文明的火车头;另一方面,许多学生说数学没用,一辈子也碰不到一个函数,解不了一个方程,连相声也在讽刺"一边向水池注水,一边放水"的算术题是瞎折腾。

一方面,说"数学好玩",数学具有和谐美、对称美、奇异美,歌颂数学家的"美丽的心灵";另一方面,许多人又说,数学枯燥、抽象、难学,看见数学就头疼。

数学,我怎样才能走近你,欣赏你,拥抱你? 说起来也很简单,就是不要仅仅埋头做题,要多多品味数学的奥秘,理解数学智慧,抛却过分的功利。当你把数学当作一种文化来看待的时候,数学就在你心中了。

我把学习数学比如登山,一步步地爬,很累,很苦。但是如果你能欣赏山林的风景,那么登山就是一种乐趣了。

登山有三种意境。

首先是初识阶段。走入山林,爬得微微出汗,坐拥山色风光。体会"明月松间照,清泉石上流"的意境。当你会做算术,会记账,能够应付日常生活中的数学的时候,你会享受数学给你带来的便捷,感受到好似饮用清泉那样的愉悦。

其次是理解阶段。爬山到山腰,大汗淋漓,歇足小坐。环顾四周,云雾环绕,满目苍翠,心旷神怡。正如苏轼名句:"横看成岭侧成峰,远近高低各不同;不识庐山真面目,只缘身在此山中。"数学理解到一定程度,会感觉到数学的博大精深,数学思维的缜密周全。数学简洁之美,竟使你对符号运算能够有爱不释手的感受。不过,理解了,还不能创造。云深不知处。对于数学的伟大,还莫测高深。

第三,则是登顶阶段。攀岩涉水,越过艰难险阻,到达顶峰的时候,终于出现了"会当凌绝顶,一览众山小"的局面。这时,一切疲乏劳顿、危难困苦,全都抛到九霄云外。"雄关漫道真如铁",欣赏数学之美,是需要代价的。

当你破解一道数学难题,"蓦然回首,那人却在灯火阑珊处"的意境,是言语无法形容的快乐。

好了,说了这些。还是回到沈文选先生的丛书。如果你能静心阅读,它会帮助你一步步攀登数学的高山,领略数学的美景,终于登上数学的顶峰。于是劳顿着,但快乐着。

信手写来,权作为序。

张奠宙

2007 年 11 月 13 日

于沪上苏州河边

(本序文收于沈文选、杨清桃编著的《中学数学拓展丛书》.哈尔滨工业大学出版社,2008)

文 5-8

张德和《珠算长青》序

上海珠算学会的著名专家张德和先生,送来一叠书稿,加上电子文本,畅论珠算古今,读后受益良多,却又感慨系之。

我在 1940 年代上小学,打过算盘。从 1 加到 100 结果是 5050,虽无高斯之聪明,却有拨珠之愉悦。父亲是库房(税务局)出身,打得一手好算盘,只见他眼看账本,左手拨算珠,右手写结果,一本账册瞬间轧平,曾经叹为观止。待到长大,学习西方数学,直至成为数学教授,对算盘就大为疏远。后来有了计算机和计算器,下意识地认为算盘似乎该进博物馆了。

因为上海教育科学院周卫同志的介绍,我参加了 2006 年的一次大型珠算会议,认识了国内外的许多珠算家,包括中国珠算协会的迟海滨会长(原财政部副部长),以及会议的主要主持人张德和先生。我在他们的帮助下,对珠算开始有了新的认识。那次会上一位复旦大学学生表演珠心算,说他终身不会忘记,我记忆深刻,但是觉得也许没有必要。后来看到智障儿童学习珠心算之后能够上街买东西了,母亲激动的泪水感动了我。厚厚的实验资料证明珠心算能够开启幼儿的计算智慧,我终于感到:我们数学教育工作者来迟了。中国的数学教育不能没有珠算!

2007 年的《数学教学》杂志上,我发表了一篇随笔。

从清明、端午、中秋放假想到珠算

近来,国家法定节假日包括清明、端午、中秋的方案公布,引起大家热议。传统回归,主流民意深表赞成。

由此,立刻想到算盘。算盘是中国古代传统文化中的瑰宝。数学,在 1938 年之前,通称"算学",算的工具,先是筹算,后来代之以珠算。巍峨宫殿的建造,长城运河的修建,田赋税额的征收,乃至商家买卖的进行,算盘曾经有过辉煌,今天仍然不失其存在的价值。

珠算,一向是数学教育的内容。1970 年代曾经以"三算结合"的成功,风靡大江南北。直到 1990 年代,珠算仍然列入教学大纲。只是在进入 21 世纪以后,借鉴国外先进教育理念,大力推行教学改革,大方向是正确的。但是,《国家数学课程标准(实验稿)》中没有一个字提到珠算。把珠算扫地出门,令人不胜遗憾。

有了计算器,算盘果真没有用处了?然而发明计算器的西方人却并不这样认为。据新华社电讯:英国《独立报》评选出的 101 项改变世界的小发明中,前十位中包括电池、自行车、圆珠笔等,而中国人发明的算盘则高居第一位,在文字说明中提到"迄今为止,用算盘做加法的速度依然可以超过电子计算器"。我们看到,德国的小学教材中有中国算盘的照片,日本、韩国的小学教材都有算盘的内容,而在算盘故乡的中国,却将算盘"弃之如敝屣"。

当我们看到珠算对理解十进位数值制的作用,看到珠心算对培养计算能力的帮助,看到智障儿童通过珠算会上街买东西母亲流下激动的眼泪时,我们呼吁,希望看到"算盘",像传统假日一样地重新回到我们的身边。

数学教育中看不起"双基"、"启发式"、"教师主导作用"等等传统,却对外国的后现代某某主义顶礼膜拜的现象,已经见得不少了。我们希望看到理性的回归,对中国数学教育传统的继承和发扬。

这篇随笔的最后几句话,是我内心能够和珠算产生共鸣的思想基础。"和国际接轨",曾是借鉴国外先进经验、改革经济体制时流行的话语。有的时候,就不知不觉地移到教育上来。其实,教育不必和国际接轨,中国数学教育有自己的特点。其中,"数学双基教学"是我们的成功经验,却一直在教育改革中没有正面提及,以至一时被人看作落后的代名词。于是我和许多热心的同行共同研究,写成《中国数学双基教学》的专著意图加以发扬。就其继承优良传统的心境而言,恰和"复兴珠算"是一样的。

德和先生在银行界服务半个多世纪,并非科班出身的数学史家。可是翻开这本著作,绝非泛泛而谈,而是旁征博引,诸如史实原文、考古发掘、国际评论、教育统计、心理实验等等,广泛涉猎,以翔实的资料说话,支撑自己的观点。这些观点在当前数学史界、数学界直至教育界,不少属于"离经叛道"一类。事实上,珠算备受"士大夫抑商"之挤压,西方笔算之独尊,受到了千年不公。当前的民族自贬主义,更令人寒心。为了反驳对珠算的偏见,留下一个真实、清晰的珠算,作者字里行间还透露出一种愤懑之情,希望经过辩论把"真相"搞明白。珠算不怕别人研究,就怕别人不研究,更怕的是不研究却随便下断语。

书中有些段落很令我沉思。例如对于利玛窦将欧几里得的《几何原本》带入中国，我们一向是绝对赞扬。但是本书却指出，在吸收西方数学的同时，落后于中国珠算的西方算具算法也一并引进，以致笔算统治一切。书中还提到1202年意大利的列奥纳多·斐波那契的《算盘书》出版形成了所谓"算术算法派"。算法家和使用欧洲线算盘的算盘家进行了一场有历史意义的比赛。结果"算法派"胜过了使用罗马数码的"算盘派"。于是，本书猜想利玛窦主张用笔算淘汰珠算，可能和这场"竞赛"有关。但是中国具有上珠(代表5)的算盘和欧洲线算盘是两回事。这对中国珠算的发展非常不利。这些说法，至少在我是第一次听到，颇有些震动。

本书是作者的业余研究所得，对于行文和论证的要求，也许应该关注其论述主旨，在形式上恐怕不能过分地苛求了。

我曾多次呼吁应该把珠算写入中学数学教材。认识算盘，知道位置记数和算盘的关系，大概是最起码的要求了。中国算盘的特征之一是有上珠代表5，相当于一只手的5根手指。两只手10根手指不够用了，于是要进位。堂堂的中国国家制定的《九年义务教育国家数学课程标准(实验稿)》竟然没有珠算的片言只字，实在令人不解。祖先创造的珠算文化瑰宝，如果在我们的手里丢失，岂不是罪过？

最后，说到底，对于珠算研究我是完全的外行。只是出于对祖先创造的文化的敬畏，才加入呼吁继承珠算传统的行列。德和先生的著作问世，要我写一些文字。以上的一些感想，写下来权作为序。

张奠宙

2008年5月

于华东师范大学数学教育研究所

(本序文收于张德和的《珠算长青》.中国财政经济出版社,2008)

【后记】 写此序的前后，我曾向《义务教育数学课程标准》修订组专家们建议将珠算内容列入数学课程标准。

2006年5月珠算会议之后不久，我有机会到东北师大见到史宁中校长。他是《义务教育数学课程标准》修订组的组长。由于我是东北师范大学1954年毕业的校友,又都是从数学研究出身进而搞数学教育,彼此早就熟悉。我把有关珠算的想法向他作了汇报。此后,我也陆续向修订组的北京师范大学张英伯教授,中科院数学所的李文林教授,东北师范大学的马云鹏教授,首都师范大学的王尚志教授,重庆师范大学的黄翔教授等进行汇报。各位专家都表示要认真考虑。

史校长对我说,珠算进课程标准,难度很大。把去掉的内容再捡回来,与国家的"减负"要求相冲突。社会上主张计算器取代珠算的声浪很高。此外,一些负责同志也担心,如果人人都要有一个算盘,又是学生的一笔经济负担,还牵扯到商业行为,很麻烦。这正应了一句古诗:"别时容易见时难。"

但是,史校长和标准组的专家们反复考虑了现实情况和珠算的文化教育价值,尤其是看到国外教材中出现算盘,深有感触。2007年春天,我和史校长在宁波相遇,住在同一个旅馆内。那天,我准备回上海,史校长在旅馆大堂中送我。他郑重地对我说,我打算把"认识算盘"写进课程标准,但是不要求学生会打算盘,你看如何? 我回应说,赞成,步子不宜迈得太大。此后的征求意见的《义务教育数学课程标准(修订稿)》中就出现了"认识算盘"的字样。另外一个重要的事件是珠算列入了"国家级非物质文化遗产项目"。这是珠算界全体同仁长期守望"珠算遗产"、并努力申请的结果。当然,我们也要提到清华大学数学史专家冯立升教授等的支持与努力。由于珠算列入"非遗"项目,认识算盘就是弘扬传统文化的举措,这进一步为珠算进入小学数学课程扫清了道路。

现在,"认识算盘"已经正式列入《义务教育数学课程标准(2011年版)》,那是史宁中校长及其同事们深思熟虑的决策。我只是做了一点牵线搭桥的工作而已。

《陈永明评议数学课》序

陈永明教授是我相知几十年的老朋友。多年前,他提出要"咬文嚼字学数学",我觉得微观地看必须如此,因而深表赞同。后来,我主张"把数学的学术形态转换为数学的教育形态",反对"去数学化",他又认为宏观上看应该如此,给予支持。可以说我们是"同声相应、同气相求"了。

一晃之间,我们都老了,退休了,不过彼此还在忙着。我埋头"爬格子、敲键盘",他则花大量的时间下课堂听课、带"徒弟"。前不久,他也敲键盘,送来一叠书稿,说是听课以后的评论。打开一看,乃是一系列的"数学教学小品",没有宏论却发人深思。每每会意,竟好似清凉甘冽的泉水,一饮而沁心脾。

数学教学的课堂实录与评课,坊间的出版物已相当不少。通常是把课堂所见,用"上位知识"——一般教育原理解释一番,采用"教育学原理"+数学例子的研究模式。究其作用,无非是再次证明了一般教育原理的正确性。本书则不同,乃是针对原汁原味不加修饰的课堂实况,有好说好,有问题则谈问题,实事求是。永明教授关注教学本身,从课堂中发现矛盾冲突,使一般教育原理和数学教学实践相融合,提炼出数学教育的特定规律。比如,永明教授借用华罗庚先生"生书熟讲,熟书生温"的话,为如何上好复习课进行诠释,就是揭示了数学教育的一项特有的规律。这样的话,在一般教育学著作里是找不到的。

全书的每节都有一些亮点,属于作者的独到见解。比如,在"排列组合双基模块"一节,我们可以看到作者娴熟的数学功底。其中有所谓"一限"和"二限"的区别,"二限"中又有类型之分,分析得清澈见底。在"直觉惹出的麻烦"一节,我们欣赏到作者积累的"不正确图形"的教学经验,帮助学生辩证地看待"直觉"的价值和局限。这些亮点,也是在一般教育学理念里所找不到的。

有人可能认为,这些"细枝末节"的经验,有多大的价值? 确实,比起某些充斥着"正确的废话"的大部头著作来,本书的确不够"伟大"。但是,数学教学过程,除了要接受一般教育理念的指导之外,教学过程还是一种实践性很强的艺术创造。

优质的教学,需要精雕细刻,注意每一个细节,才能启发学生、感染学生。有一句名言是"细节决定成败"。实际上,以为仅凭几条原则、大呼隆地评论一番就能上好课,那是神话。

本书有一节是"谁知盘中餐,粒粒皆辛苦"。永明教授借以表扬执教的老师,其实也可以用来形容永明先生自己的著作。我们期待这种"见微知著,由小见大"的研究工作能够得到重视和发扬。

借鉴国外的教育理论是必要的,然而,面向教学第一线,继承优良传统,总结正反两面的经验,逐步提升,是发展具有中国特色的数学教育理论的必由之路。

阅读书稿有感,遂作为序。

张奠宙

2008 年初春于海上

（本序文收于陈永明著《陈永明评议数学课》.上海科技教育出版社,2008）

熊斌、陈双双《解题高手》序

薄薄的一本小册子：名为《解题高手》，初看很不起眼。翻阅之后，始觉别有韵味。

数学解题方面的著作不少，有的很深沉，摆开架子讲"思维"；有的很实惠，面面俱到讲方法。虽然这些书都不错，对数学学习有帮助。但是，总觉得太呆板，在意境上并不怎样出色。

与熊斌、陈双双在光复西路寓所留影(2010)

"意境"是文学里用的词。王国维在《人间词话》里谈到"词"的一种意境时提到："众里寻他千百度，蓦然回首，那人却在灯火阑珊处。"我们做数学题，也有这样的意境。在百思不得其解时，突然一个想法冒出来，思路豁然开朗，问题迎刃而解。那种美妙，味道好极了。我想，这样的数学学习意境，大家一定都碰到过。倘若你还没有这样的感觉，大概你是不喜欢数学了。

如果把数学解题比做文学，那么这本《解题高手》就像一本诗集。每个题目就像一首诗。书中要先从常规策略分析，然后出示巧妙解法，最后还要画龙点睛一番。它比平铺直叙的解题意境要高，让你思考、咀嚼、体会隐藏在题目背后的"妙"，在意境上得到升华。

许多数学书崇尚"形式化"、"符号化"，把生动活泼的数学思想、解题策略淹没在"形式主义"的海洋里，像被榨干以后的橙子，味同嚼蜡。《解题高手》则告诉我们，数学书可以有另外的写法：把原始的思想和动机和盘托出，把"妙招"的意境公之于众，让读者欣赏遐想、留连忘返，如嚼橄榄，回味无穷。这是数学教育形态的上乘。

诗不能代替文学。《解题高手》自然不能代替数学教育。但是，一个没有诗词意境的人，文学水准恐怕是不行的。因此，读读这本带有"诗"味的解题著作，必有裨益。

本书的几位作者都正当壮年，解题功力上乘，文字表达也不错。至于是否尽善尽美，恐怕也未必。愿和各位共勉，把数学的"诗味"做得更浓郁，更好地为高中数学学子服务。

张奠宙

2005 年岁尾于华东师大数学教育研究所

（本序文收于熊斌、陈双双主编《解题高手(第 4 版)》.华东师范大学出版社，2008）

巩子坤《程序性知识教与学的研究》序

2006年6月巩子坤在西南大学获得教育学博士学位。他的博士论文,经过适当的修改,便是本书了。

近百年来,我国数学教育在穿越了社会的多次动荡、屡次变革后,逐渐驶入常规的发展轨道,也逐渐形成了自己的一些惯常做法、固定模式,在探索前进中积淀成了一些优秀的传统。比如,教师在教学中形成了一些有效的教学策略,启发式讲解,有意义接受,变式训练、变式教学等。直接的结果是,学生的基础知识比较扎实,基本能力比较过硬。

总结我国数学教育的优秀传统,并进一步上升为理论,是摆在数学教育研究工作者面前的一项任务。捕捉数学教育现实中有意义的问题,采用国际上规范的研究方法,获取真实的第一手资料,进行科学的统计和分析,得到令人信服的结论,科学总结我国数学教育的传统,发现其中的优势与不足。这样研究得到的结论,才具有科学性和可公度性,才可以拿到世界数学教育的舞台上与他人对话和交流,才能够让数学教育界倾听来自我国的声音。仔细想来,我们的话语权其实就掌握在自己的手里。

有理数运算这类程序性知识,比如,先乘除、后加减,颠倒相乘,负负得正,在中小学占有较大的篇幅,是中小学数学学习的主要内容之一。在国际测试和有关的国际比较研究中,我国学生获得了很好的成绩。在有关运算类题目的测试中,我国学生算得又快又好。不仅如此,正如马立平博士研究所表明的,虽然我国数学教师相对美国数学教师而言,接受正规教育的时间比较短,学历层次也相对较低,但是,我国教师不仅对有理数运算这类程序性知识有着深刻的理解,比如,对于像 $1\frac{3}{4} \div \frac{1}{2}$ 这样的问题,我国教师的正确率是 100%,而美国教师的正确率仅有 52%,而且,对于该部分内容的教学,我国教师也提供了多种表征方式,呈现了丰富的、有效的教学策略。可以说,有关有理数运算这类程序性知识的教与学,我国数学教育工作在长期的实践中,总结了一些行之有效的做法,形成了优秀的本土传统。

巩子坤博士正是植根于我国数学教育优秀传统的沃土,以程序性知识中的小数乘法、分数除法、有理数乘法为载体,以认知心理学和现代数学的理论为分析问题的理论框架,探查了学生对这些知识的理解。结果表明:绝大部分学生都能够"算一算",却很少学生能加以直观理解、抽象理解、形式理解,即很少学生能够"说明背后的道理"。事实上,这与我们的直观感觉也是相符的。比如,我们可以闭上眼睛想一想,分数除法,为什么就颠倒相乘了呢?有理数乘法,为什么就负负得正了呢?试一试,能够说得清楚吗?当然,还可以问这样的问题,有必要说得清楚吗?

为什么学生的理解水平比较低呢?这一方面是由于有理数运算这类知识的性质决定的,另一方面是由学生的认知发展水平决定的。所以,即便是课程改革特别强调"理解",对于这类程序性知识,也不可提出过高的要求。循序渐进、螺旋上升,说的就是这个道理。这同时表明,即便是我们大家比较公认的我们数学教育的"强项",如果从理解的视角来看,也还是存在一些问题的。

对于有理数运算这类知识,有效的教学策略是什么呢?对教师的教学研究表明,类比迁移、模型说明、启发性讲解、有意义接受、适度训练是最主要的策略。

总而言之,巩子坤博士的研究表明,对于有理数运算这类程序性知识,"行易知难",做是容易的,但要说明为什么就这样做了,是有相当的难度的。对如此难以理解的知识,我国数学教育传统的有效做法是"类比迁移、模型说明、启发性讲解、有意义接受、适度训练"。这就是程序性知识教与学的本来的面貌。这样做才有效,这样做才高效。如果仅仅从理解的角度来看,那么,对程序性知识教学的通常做法就显得相当落后、一无是处,就是可以丢掉的敝帚;如果从探究、建构的角度而言,这些教学方法、策略,也同样显得落后陈旧,不时髦,不时尚。但是,就是这样的教学方法,才使得学生打下了良好的基础。这就是我们的特色、传统。

说这番话,绝对没有"顾影自怜"、"孤芳自赏"、"老王卖瓜"的意思。只是想说,一把钥匙开一把锁,到什么山头唱什么歌。有理数运算这类程序性知识,具有经验性与超验性、合情性与演绎性、对象性与程序性,本身比较难以理解,所以,只有这样教学,才是有效的、可行的。如果过分强调理解、强调探究,大家就变成鲁滨逊了,就没办法前进了。别人做好的馒头,拿过来就可以了。这就是现在所说的平台理论。迅速占领平台,向前发展。在以后的学习中,再来慢慢理解,慢慢领会。这是学习高效性的必然要求。当然,在进行这部分内容教学的时候,我们可以通过举例子、打比方、画直观图等方式进行必要的说明,也可以通过比一比、赛一赛等方式来调动学生学习的积极性。但是,教师启发性讲授的事实没有变,学生有意义接受的事实不好变,学生的理解水平比较低的现实也不易变。

这就是在程序性知识方面,我国数学教育的现实和传统。当然,对于那些可以探究、应该探究的知识,我们则应该通过其他的方式来开展教学了。

巩子坤博士最初选择这类问题做研究的时候,我多少是有一些顾虑的:题目是否太大,问题能否明晰,数据如何获得,等等。正是在不断的追问和反思中,正是在实地调查和预研究中,他将问题聚焦,将载体拟定,用理论探查,从而保证了研究的顺利展开。这正如探矿,我们大概预知某个平凡而又平凡的地方深埋着宝藏,但是,究竟埋在了什么位置,只有那些深入钻探,不辞劳苦的人,才有可能去除土垢,让宝藏重见天日。做学问、做研究恰如打井,开口要小,纵向要深,要的就是深度。做学问、做研究不可似挖坑,开口较大,纵向较浅,广而不深。蜻蜓点水似的浮光掠影,是留不下什么痕迹的。

巩子坤博士用国际上规范的方法,研究本土问题,形成了具有特色的成果,为一线教师开展程序性知识教学提供了实实在在的帮助,为国家数学课程标准的修订和优化提供了真真切切的数据和建议,为总结发扬我国数学教育的优秀传统、扩大国际影响、促进国际交流,做了点点滴滴的工作。我希望有更多、更好的研究成果出现。是为序。

(本序文收于巩子坤的《程序性知识教与学的研究》.广西教育出版社,2008)

《章士藻数学教育文集》序

士藻教授是相交 20 年的老朋友了。近日承他送来一叠书稿，标题是《章士藻数学教育文集》，还要我写几句话作为序。我欣然命笔，并立即回复说，做数学教育很不容易，凡能够为数学教育呐喊，我都愿意。

中国数学教育成绩斐然。不必说在国际数学奥林匹克中屡获金牌，即使在大面积的国际数学测验（IAEP，1989）里，中国 13 岁学生的成绩也位居 21 个国家之首。这是我国千千万万中小学数学教师集体努力获得的一项"金牌"。其中就包括士藻先生这样的带头人，默默耕耘，贡献了毕生的精力。

"数学教育"这个学科，十分年轻。正式当作一门学问，不过百年历史。在今天的中国，数学教育还没有完全独立，一向只称之为"数学教材教法"。1990 年代以来，"数学教育学"才逐渐得到认可，并得以挤在"学科教育"的名下，成为一门三级学科。数学教育作为一门独立的学科，还有很长的路要走。不过，并非没有希望。我注意到，当年自然科学的各门学科，都是哲学系的一部分。数学、物理学、化学等博士，一律称为"哲学博士"。但是，20 世纪下半叶，第二次世界大战以后，自然科学突飞猛进，终于摆脱了"哲学"的控制，自然科学都独立了。学科教育，恐怕有朝一日也会和理论教育学平起平坐。你讲你的教育理论，我讲我的数学教育规律，彼此平等交流，才能相得益彰。不过，以我的年纪，大概是看不到这一天了。

打铁先得本身硬。数学教育要得到别人的尊重，总得有自己的独特研究成果，总结出特定的教育规律。数学教育研究水平还有待提升，数学教育的基本规律还有待探索。要使得数学教育成为一门公认的独立学科，需要有一个大的发展。但是，学术研究不能指望一蹴而就，这需要积累。重视自己的实践经验，整理已有的理论观点，是我们的必经之路。从这个高度看问题，我觉得士藻先生的这本著作，是一个时代的记录。作者以盐城地区的数学教育指导者的身份，概括地论述了那个时期数学教育的理论框架和实践方向。后人当可从中看到，20 世纪下半叶中国基层的数学教师，是如何备课、上课、评课的，又是用怎样的理论做指导，以怎样的教学模式为目标的。

我觉得现在有一种不好的倾向：轻视自己的数学教育传统。动不动就是外国的××主义，后现代的××宏论，其实未见得都对。常见的情形是，对外国教育理论的不足甚至错误，难以批评。对国内优秀的数学教育经验，少加表彰。真的，"言必称希腊"的现象，不能说一去不复返了。

中国经济崛起过程中，中国劳动力的素质是一个关键的因素，其中有数学教育的一份功劳。士藻先生的这本著作，散发着泥土气息，带有中国数学教育的芬芳，它是真实可信的。我也希望有更多的数学教育工作者的《文集》问世。假以时日，中国特色的数学教育理论必将走向世界。

本书有一文章说士藻先生的贡献是"三流条件，一流成就"。事实上，以士藻先生所处的环境，不可能拿到国家项目，列入全国规划，所有研究是在艰难条件下进行的。这，也是许多数学教育工作者的真实写照。过去相当一段时间内，数学教育研究者是凭着对国家数学教育事业的热爱，以苦干和韧性精神支持着的。现在国家发展了，条件好得多了，希望后来者能够把事情做得好些，更好些。

翻阅书稿，激起许多感慨，记叙下来，权作为序。

张奠宙

2008 年元月于沪上

（本序言载于《章士藻数学教育文集》. 东南大学出版社，2008）

陈刚《经济应用数学》代序

在国家大力发展高等职业教育的时候,欣喜地看到一套三册的《工程应用数学》、《经济应用数学》、《计算机应用数学》出版。这是一本很有特色的书,也是作者们长期经验积累的结果,可以预料一定会对各位的数学学习有很多帮助。这里,作为一个和数学打交道超过半个世纪的老人,想和本书的读者说几句话。

各位读者,正是风华正茂、青春无敌的年纪。不久的将来你们会投入到国家建设中去,成为生产一线的骨干和核心。那么,眼前的这本"数学"书会带给你们什么呢? 你们为什么要学习"高等数学"呢?

为人在世,读书是终生相伴的。读书的目的有二,一是当作工具使用,产生实际效益。二是当作精神享受,提高个人文化修养。读唐诗,背古文,听莫扎特的音乐,看毕加索的画,既是有助于写作,更多的则是后者,即为了欣赏,为了个人的精神修养。

数学,其实也是一样。数学是一种语言,用符号、数字按规则写成的一串科学公式,是我们彼此交流的基础工具。你可以不创造数学,却必须听懂别人说的数学语言。现在诸如微分、积分、线性、矩阵等等名词,高中生也懂得一二。如果进入金融界,人家说"边际"如何,没有微积分基础就听不懂。你进入工程界,领导要求"最优化",可是没有学一点线性规划,就会不知所云。你如果进入信息技术领域,连图象的上升、下降也无法判断,那是要耽误事的。总之,工作上难免碰到一些数学问题,如果连"数学话"都不会说,作为大学生,如何在社会上立足? 因此,学习数学是为了掌握一门工具性的语言。

然后,数学是一种文化修养。台湾作家龙应台关于文化是这样说的(见人民网 2005 年 10 月 19 日)。

"什么是文化? 它是随便一个人迎面走来,他的举手投足,他的一颦一笑,他的整体气质。他走过一棵树,树枝低垂,他是随手把枝折断丢弃,还是弯身而过? 一只满身是癣的流浪狗走近他,他是怜悯地避开,还是一脚踢过去? 电梯门打开,他是谦抑地让人,还是霸道地把别人挤开? ……"

文化其实体现在一个人如何对待他人、对待自己、如何对待自己所处的自然环境的行动中。于是,我们可以类似地用比较通俗的语言来谈数学文化。当你看到一个数学定理的时候,你会浮现出古人的身影,产生敬畏之心吗? 在你思考问题的时候,你是否关注它的数量方面,是常量还是变量? 在打开一本书,里面有一行行的符号,你立刻就丢掉不看了,还是不怕符号? 在一连串的变换之后问题得解,你会由衷地感叹数学之美吗? 在律师叙述理由的时候,你会觉察理由是否充分? 是否必要? 在碰到一桩随机事件,例如购买彩票,你会习惯性地看看中奖的概率有多少吗? 你能够欣赏"指数爆炸"、"直线上升"、"事业坐标"、"人生轨迹"这样的语言吗?

一次和一位经济师闲谈,我说到今天蔬菜比台风前涨了 1 元钱。他马上回应"弹性不大,再涨也得买"。这个弹性,也和微积分有关。学经济的人,不知道弹性,就无法和人家交流了。

现在,我们可以明白,数学考试成绩固然重要,真正对一个人的终生发生作用,贯穿于日常行动的,往往是数学文化。如果数学课堂能够具有广博的文化知识滋养,充满高雅的文化氛围,弥漫着优秀的文化传统,数学教学可以说达到最高境界了。

一个国家的未来,决定于硬实力和软实力。软实力中,普通百姓的文化素质,特别是受过高等教育人群的文化素养,是一个决定性的因素。环顾世界,追索历史,凡是世界强国,必定是数学强国。当今的数学格局是,美国一马当先,西欧紧随其后,俄罗斯独树一帜,日本正在迎头赶上,中国则是一个未知数。数学兴衰,匹夫有责,何况大学生?

学习数学,不要老是盯着题目和考分,应该多从思想方法上考察,一旦能够有所意会,那真是其乐无穷。就拿大家非常熟悉的二次函数 $y = x^2$ 来说,中学里对它演练过无数的题目,可是你可曾观察过图象各点处切线斜率的变化?

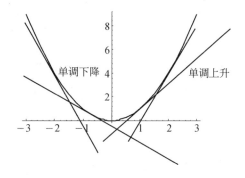

从左往右看，切线斜率在 $x < 0$ 部分是负的，由负无穷大渐渐接近于 0，$x = 0$ 处切线斜率为 0，然后斜率成为正数，越来越大。用切线斜率看曲线，就是微积分方法。它用切线斜率告诉你函数的上升、下降、端点、极大或极小等等，美不胜收。况且，你是否也能用这一观点看看股票走势图呢？

瞬时速度，也是微积分涉及的名词。其实，我们每个人头脑中都有"瞬时速度"的概念。试问，快车追赶慢车，在超过慢车的那一刹那，快车速度是不是比慢车的速度快？你一定回答：是！可是我们还没有定义什么是瞬时速度，你怎么就知道了快车在"一刹那"的速度了？这表明，我们的头脑是能动的，有数学潜在力的。如能充分运用这种"直觉"，高等数学完全可以理解得很深刻！

数学表示的一个特点是形式化。定义、定理、证明、推论等等，简洁精确，显示出"冰冷的美丽"。但是，我们还要透过形式，关注背后的火热思考。据本书的作者告诉我，本书的编写，适当采用了"案例"教学方法，用具体的例子说话，就容易捉摸了。

祝各位的数学学习成功。

张奠宙

2008 年 5 月写于华东师范大学数学系

（本代序载于陈刚著《经济应用数学》. 高等教育出版社，2008）

龙开奋等《数学合作探究教学的理论与实践研究》序

2004 年,由教育部人事司批准的"数学教育高级研讨班"在南宁举行。我是主持人,龙开奋和周克依两位是会议的实际承办者。那次会议的主题是"中国数学双基教学"。在研讨班上,我们看到广西的广大中小学数学教师,已经在"合作-探究"学习方式上做了许多工作。当时,在南宁体育馆举行的中小学数学合作探究教学课例展示观摩大会上的汇报展示课琳琅满目,至今记忆犹新。本书就是在这些教学实践的基础上完成的。

古今中外的教学历史经验告诉我们,在坚实的基础上谋求自主创新,是优质教育的共同追求,中国的数学教育自不例外。一方面,我国数学教育有重视打好基础的传统,数学"双基教育"深入人心,化诸实践,成效卓著。另一方面,教师缺乏合作教学的习惯,教学方式缺乏自主探究意识。因此,扬长补短,是我们努力的目标。

21 世纪初,《全日制九年义务教育数学课程标准(实验稿)》发布。它的基本理念就是将"自主、合作、探究"教学方式,融于数学教育之中。本书的内容完全符合这一发展方向。

从本书的第一章中,我们看到了"自主、合作、探究"的学习理念与杜威的"进步主义教育"密切相关。杜威的"儿童中心"、"活动中心"、"生活即教育"等理念,符合人性发展的需求,但是又带有明显的实用主义倾向。尤其是否定系统知识理论的学习,以致造成学业水平低下的恶果。美国的数学教育,从"新数学"到"回到基础",又从"问题解决"到"为了成功的基础",也是一路折腾过来的。我国"文革"时期数学教育的教训之一,就是"不能忽视基础知识和基本技能的学习"。我想,本书在把握"自主探究"与"发展创新"的关系上是比较清醒的。

合作学习源自西方,而在我国推广应用是近几年的事。社会需要合作,未来的生活是在"合作"中进行的。因此倡导"合作学习"完全正确。但是学习又是独立思考的结果。数学教学尤其需要展示学生个人的思维过程,如何把握二者的关系,在本书中也有所探讨。尤其是指出了某些形式主义的"合作学习"的倾向,值得反思。

本书的主体是大量的"教案"——来自第一线老师的实践成果,这是一个时代的记录。其中的许多尝试具有革新的意义,但是字里行间,又体现出中国数学教育重视"打好基础"的传统。仔细地加以揣摩,是获取数学教育改革的重要文献。

中国数学教育的改革之路还很长。需要一步一个脚印地踏实前行。这是一个来自广西的脚印,我们将沿着它继续前进。

因作者之请,写了以上一段话,权作为序。

张奠宙

2009 年国庆节前夕于上海

(本序文收于龙开奋、周克依:《数学合作探究教学的理论与实践研究》.广西教育出版社,2011)

熊斌等《中学数学原创题集》序

创新是民族的灵魂。进入 21 世纪以来,中国经济从"中国制造",向"中国创造"前进。原创的知识产权,成为频繁出现的主题词。科技上百舸争流,文艺上百花齐放,创新事迹振奋人心。

反观教育领域,则不那么乐观。除了教育规模跨越式发展之外,在理念上还是多从国外输入,缺少自己的创新成果。诸如国外某某现代主义的理论,可以风靡一时,甚至成为主

与熊斌在第一届东亚数学教育会议上合影.韩国首尔(1998)

流教育思想,究其实却并无太多内涵。国外的好经验当然需要认真学习,但是我们必须在优良传统基础上进行自主创新。

一般地说,数学教育的理论创新是相当困难的。即使像大家公认、积累多年的"数学双基教学",也没有得到怎样的重视。在某些教育家的眼里,中国基础教育里"基础已经过剩",对"双基数学教育"不屑一顾。

我们数学教育工作者倒并不气馁。这不,2004 年一本《华人如何学习数学》的英文著作在新加坡出版(有江苏教育出版社的中译本),大步走向国际市场。现在,《中学数学原创题集》的书稿又放在面前。

原创的中国数学问题,如鸡兔同笼等早已名闻世界,成为举世公认的经典。至于中国当代的原创数学问题,其实也很不少。尤其年年高考、中考,数学考卷不能出现陈题,于是出彩的好题不断涌现。只不过往往是用过就丢,缺乏积累,一直没有形成显著的特色。

本书的编辑和出版者倪明先生,喜欢琢磨一些生活中的数学问题,遂有收集

原创数学题的意愿。这是好几年前的事了。记得当时在《数学教学》杂志上登过启事，意在向全国征集题稿，并声明"无论是否发表过，只要原创一律欢迎"。经过几位主编几年的努力，终于有了结果。据统计，涉及的作者竟有五六十位之多，乃是一项全国性的集体创作。根据主编的想法，收入本书的原创题，除了题目本身之外，还要说说题目编制过程中的故事。这就增加了趣味性。

中国特色的数学教育，需要由中国特色的原创数学问题作支撑。有些在理论上说不明白的理念，一个问题就能让别人理解它所承载的理论意义。大约十年以来，我就一直介绍上海 51 中学陈振宣老师告诉我的一道好题："怎样测量三根超长导线电阻？"说的是 51 中学一毕业生在和平饭店做电工，发现在地下室通向 10 层楼三根导线的电阻不同。一根一根测不行，但是在 10 楼把 x，y；y，z；z，x 两两连接，得到三个方程。解此联立方程即获结果。

$$x + y = a,$$
$$y + z = b,$$
$$z + x = c。$$

这道题所承载的数学思想的深刻，教学价值的丰厚，不言自明。我总在想，何时这样的题目能够作为经典编入教科书，让更多的后学受益呢？只不知各位初中数学教材编写者是否能够垂青。

最后，一个真切的希望是能够尊重原创题作者的"知识产权"。这就是说，如果使用这些题目，务请注明出处。只有保护了知识产权，原创性才会得到发扬。

原创，是一个永恒的话题。希望看到"原创题"的续集，更希望看到中国数学教育理论的原创性成果。出版在即，权以此感想为序。

张奠宙

60 周年国庆节前夕于

华东师范大学数学系数学教育研究所

（本序文收于熊斌、张思明、任升录主编《中学数学原创题集》. 华东师范大学出版社，2010）

文 5 - 16

忻再义《中学数学研究性学习的案例设计与研究》序

进入 21 世纪之后,国家面临重大转折:从科技大国向科技强国迈进。"创新是民族的灵魂",中小学教学改革随之向"探究、发现、创造"的教学方式倾斜。研究性学习,始于上海,传至全国,乃是时代的产物。

研究性学习,是和"接受性学习"相对而言的。从数学教学的规律看来,"数学双基"多采用有意义的接受性学习方式,而发展创新能力则多采取研究性学习方式(当然不是绝对的)。在"接受性学习"的基础上谋求发展,在"研究性学习"的指导下打好基础,是我们追求的目标。忻再义等老师撰写本书,力图把中学数学教学中的"研究性学习"系统化,将历年来点滴的经验汇成江河,使得研究性学习能够常规化、系列化,最终成为数学教学过程的有机组成部分,无疑具有重大的现实意义。

1960 年代,欧美处在"发现式"教学的全盛时期。记得联合国教科文组织曾经赠送给华东师范大学十多个书架的"发现式"教材(Discovery Textbooks),宗旨是将"发现、探究"学习方式贯彻于全部教学的始终。这一理念说起来很诱人,可以加上很多漂亮的赞词。但是最后以失败告终,到 1970 年代末便销声匿迹了。原因何在? 就是片面强调"发现"。天天发现,所谓"重走数学家当年走过的路",往往不讲效率,忽视基础。忻再义老师等编著这本《中学数学研究性学习的案例设计与研究》并不取代基础性的教科书,而是在探讨数学常规问题的基础上,研究一些非常规问题。而且拒绝一些光怪陆离、胡乱编造、脱离实际的案例,而是贴近数学教学的实际,满足多数学生的探究水平,切合中学数学教学改革的真实需要。这是一个非常合理的定位。

我曾经有一个比喻:教育理念相当于"科学院"研究物质运动的基本规律,而学科教育则相当于"工程院",应用这些规律研究设计实际工程需要的技术。研究性学习的理念明确之后,还必须将其运用到课堂实践中去,成为一种能够产生教学效益,并在课堂上可以操作的教学实践活动。这一"工程"性的教学设计,是许许多多数学教师辛勤劳动的成果。应该说,对于这种研究的学术价值,我们不能说认识得足够充分了。

本书采用[案例背景]、[预备知识]、[研究目标]、[问题提出]、[研究过程]、[拓展研究]、[相关研究]、[参考解答]等栏目编写,也是一个创举,可望经过教学实践的检验、充实与改进,成为日常数学教学的一种规范。

数学教学中的"研究性学习"的历史还不长,经验需要积累,研究还在继续。我们期望广大数学教育工作者,特别是上海的同行,共同努力,坚持不断地总结经验,提升理论水准,创造研究性学习的新局面。

忻再义老师是多年相识的朋友。他与时俱进,锐意改革,力求创新,同时坚持在教学第一线耕耘。有感于他的这份精神,写了几句话,权作为序。

张奠宙

2010.10.15

于华东师大数学教育研究所

(本序文收于忻再义主编《中学数学研究性学习的案例设计与研究》.上海百家出版社,2010)

黄坪、尹德好《高中数学题根》序

华东师范大学出版社的教辅分社倪明社长交给我一叠书稿，书名是《高中数学题根》。"题根"的提法，很吸引人。作者之一是过去熟悉的朋友——黄坪，一位不甘寂寞、富有创见的数学老师。于是，认真地看了一阵，觉得这是一本具有中国数学教育特色的教辅书。

与黄坪（中）、尹德好摄于光复西路寓所（2012）

教辅书常常被认为是应试教育的产物，因而广受诟病。事实上，教辅书历史悠久，意义非凡。中国古代上许多儒学名家为四书五经作注，进行疏解，其实就是为后学做教学辅导。记得1970年代末，上海的一套《数理化自学丛书》曾经洛阳纸贵，供不应求，帮助过许多知识青年跨入大学门槛。现如今，许多重要文件时兴编写"导读"书籍，其功能也就是"教辅"。因此，在我看来，优秀的教辅书功德无量，而粗制滥造的则害人不浅。高质量的、有中国特色的优秀的教辅书，同样可以为教学改革护航。

晚近的教学改革，多半注重认识过程的前半段：创设情境、提出问题、分组探究、汇报归纳，以至有所发现。这是从感性到理性的认识过程。但是，众所周知，认识过程还有理性认识的不断加深、并用于实践的后半段过程。这表现为练习巩固、反思总结、欣赏体察、变式应用、以至提炼成数学思想方法。做好这后半段的教学工作，需要扎实的数学功夫才能应对，而不是花里胡哨的表演所能奏效的。我想，一本优秀的教辅书，可以在这后半段认识过程中发挥重要作用。

黄坪、尹德好两位老师的《高中数学题根》，为以上所说的"后半段认识过程"提供了一个展示的平台。其基本思路是，寻找题根，通过变式织成题网。所谓"纲举目张",题根就是这张网的"纲"。

　　国内外的许多数学教育研究家认为,中国数学教育的重要特色之一在于数学问题的"变式"处理。顾泠沅教授是数学变式教学的倡导者。近年来,香港大学和香港中文大学就有好几篇博士论文研究数学变式的作用。这本《高中数学题根》,则进一步总结了第一线的教学实践的经验,以"变式"为主导思想,系统地展开复习课教学。书里的每一支"题根",都会有好几种变式形成"变式网络",或变"背景",或变"对象",或变"规则",或变"条件"……变式之丰富前所未见,其中具有许多创新的成分。至于"题根分析"、"经典变式"、"变式训练"等栏目,则是为学习者提高解题能力进行了必要的指导和铺垫,充分发挥其"教辅"功能。可以设想,如果积以时日,寻求"题根"与变式,也许会成为中国数学教育的一抹亮色。

　　写了以上的一些感想,权作为序,也借此希望大家都来珍视中国数学教育的点滴创造,不要老是捧着金饭碗去讨饭。

张奠宙

2011 年岁初于华东师大数学教育研究所

　　(本序文收于黄坪、尹德好编著《高中数学题根》.华东师范大学出版社,2011)

《李庾南"自学·议论·引导"教学流派研究论稿》序

很久以前就认识李庾南老师了。记得是 1990 年代,我和她同去海宁访问。她借班上课,几句话就把自己和孩子们拉近了。课上得极其精彩,至今还留有深刻的记忆。现在 72 岁高龄的庾南老师,还在带班上课,兼任班主任。在我印象里简直是绝无仅有的。

摆在我面前的一部书稿,标题是《李庾南"自学·议论·引导"教学流派论稿》。这是庾南老师半个多世纪从事数学教学的学术结晶,很值得我们珍视。如果说中国数学教育在世界上享有较高的声誉,那么它是建立在千千万万数学教师肩膀上的。其中的优秀者,如庾南老师那样,为社会、家长和学界所公认,能够有自己的教学特色,因而称之为流派,确实是实至名归。

庾南老师倡导的"自学·议论·引导"教学理念,和新世纪数学课程改革提倡的"自主、探索、合作"的教学改革方向完全吻合。从 1979 年算起,"自学·议论·引导"已经实行了 30 多年,拥有许多弟子,影响了一大批后来者。庾南老师的成就是中国数学教育的许多亮点之一。值得我们深思的是,我们固然应该向世界上一切先进的经验学习,但是也应该眼睛向内,挖掘我们自己的成功经验,彰显我国数学教育的本土特色。这方面,我们不能说做得够了。

庾南老师是一名坚持在教学第一线的初中数学教师。她的成功在于把先进的教学理念,和无数的日常数学课堂教学连接起来,在平凡的教学中闪烁着教育智慧的光芒。

初中生是一个特殊的年龄段,他们已经不再具有儿童般的天真,而是正在成长中开始独立思考的少年。他们又不像高中生那样接近成年,能够适应抽象严谨的数学思维,往往显出某些稚嫩。数学课程内容比小学大量增加,已经没有太多的时间"哄"着孩子做游戏玩耍。另一方面,初中数学内容多半是基础中之基础,没有多少实际背景可谈。例如,"正负数的加减乘除"、"合并同类项"、"因式分解"、"配方"、"三角形全等"之类非常基础的知识和技能,就是如此。因此,设计符合初中生年龄特征的教学设计,把课堂组织得生动活泼,引人入胜是非常不容易的。庾南老师做到了。我看过她编写的许多案例,总能把抽象数学的学术形态,转化为学生容易接受的教育形态。这是一门科学,也是一门艺术。

提出李庾南教学流派,是一个正确的选择。京剧、越剧可以有流派,教育为什么不可以?数学教学的流派很多,有的善于讲故事,有的善于解题。有的风趣幽默,有的意味深长。有的善于言辞和表演,有的则比较内敛长于思考。正因为教学上有许多不同,才显示出百花齐放、流派纷呈的局面。

依我看来,李庾南教学流派的特点是:"在组织学生参与数学活动中体现数学本质。"这个流派的风格是清新、质朴、大方、稳重。这在某种程度上和京剧的梅(兰芳)派庶几相近。

我读过她设计的"绝对值"一课的教学设计。绝对值,本来是相当枯燥的概念。有所谓"一个数的绝对值,就是不看它的符号的那个数值"那样直截了当的阐述。但是庾南老师,用一条数直线作为背景,向南、向北的行车里程作为有符号的数值,而所消耗的油料却是无关正负的。问题也就点到为止,把重点放在"与原点距离"的几何表示上。大量的活动是师生共同完成的,而且留有相当的时间,进行练习、议论和应用。这里没有花里胡哨的花絮,令人眼花缭乱的肢体动作,也没有繁琐难懂的情景设置。一切看起来很自然,质朴和流畅,把功夫用在揭示数学本质的关键之上。这是李庾南教学风格的一种表现(并不止此一种),我想。

形成流派不容易,发扬流派更难。我国教育界往往在不断的改革声中否定过去。今天批评昨天的"传统"如何如何,明天又来批评今天的成就怎样怎样,以致今天几乎没有留下一些意义重大的教育成就,也就没有出现众望所归的教育家。我们固然不可夜郎自大,却也不必自惭形秽,缺乏应有的自信。本书的出版,李庾南教学流派的确立和发扬,可以看做是建立具有中国特色教育的一个组成部分。任重而道远,殷切地希望后学者能够站在李庾南老师的肩膀上继续前进。

2011年的春天,我再次见到庾南老师,并被她的执着、创新精神所感动,写了以上的文字,权作为序,并请各位读者批评指正。

张奠宙

2011.4.18

于华东师大数学系

(本序文收于李庾南著《李庾南"自学·议论·引导"教学流派研究论稿》.凤凰传媒集团江苏科学技术出版社,2011)

萧柏荣《数学教育探索五十年》序

记得在 1990 年出版的《数学名师授课录(高中版)》里第一次看到萧柏荣老师的名字。后来在许多会议上见面,却没有机会深谈。最近,有幸读了他的回顾文章《数学教育探索五十年》(已收入本书),令我感慨不已。

读罢此文,我掩卷沉思,眼前出现了一批兢兢业业、努力奉献、探索创新的数学教师。他们成长于新中国,毕业于 1960 年代,历经各种政治运动,应对各种复杂的环境,50 年来一直坚持着自己的教育理想,守望着数学教育的精神家园。今天的中国数学教育的成就,是这些一线数学老师用汗水浇灌出来的。他们是中国数学教育的脊梁。

首先令我感动的是萧老师所描述的 1963 年他刚毕业时的数学教育环境:

1963 年秋开始,江苏教育学院附中开始贯彻执行中央制定的《全日制中学暂行工作条例(草案)》(即"中学 50 条")。学校领导不仅要求教师在教学上严格实行"五认真"(认真备课、认真上课、认真辅导、认真批改作业、认真考核),以加强基础知识教学和基本技能训练,而且尝试拟定各科"双基"的教学要求,研究加强"双基"教学的主要途径,制订各科教学的工作规范。1964 年春,学校又按照上级"态度要积极,方法要稳妥"的教改精神,要求大家进行"紧扣教材,精讲多练",贯彻"少而精"、"启发式",使学生积极主动、生动活泼学习的改革试验。"精讲多练"、"少而精"、"启发式"都是针对当时课堂上教师讲授灌输太多、学生练习太少而提出的。

在这里,我们看到了"五认真"、"双基"、"精讲多练"、"少而精"、"启发式"等术语。这些优良传统,至今并没有过时。萧柏荣老师明确指出,那是针对"教师灌输太多,学生练习太少"而提出的。这就告诉我们,反对"满堂灌"是我们历来的主张,并非新课改才提出。新课改之后的某些论述,把"传统"当做改革的对立面,几成"保守"的代名词。错乱如此,情何以堪!

接下来令我感动的是萧老师对"文革"十年中数学教育的中肯分析。"文革"

必须全盘否定,但是凝聚了艺术家才华的样板戏,至今还在上演。同样,文革中的教育总体上必须抛弃,但是某些局部的成果也应当肯定。萧柏荣老师有一段描写:

学习了平面几何初步知识以后,就让学生完成定线测距、测方位角、按恰当比例尺测绘篮球场平面图等实习作业。学完了全等三角形、等腰三角形、直角三角形的内容之后,要求学生自己选择方法测量当时鼓楼区政府大院里池塘的最大宽度。学生可以学会使用测角仪、卷尺等测量工具,可以体会为什么要"定线"测距,可以加深对"方位角"概念的理解,可以灵活地运用三角形一章里的知识。以后随着学习的深入,让学生完成要求更高一些的实习作业。如绘制某种型号电动机端盖的平面图(需要运用直线与圆弧的连接、圆弧与圆弧的连接),测量底部可以到达的旗杆高度及底部不可到达的楼房高度(可涉及三角函数、解直角三角形和解斜三角形),到农村科技站调查糖醋灭蛾的效果,了解灭蛾量和天数之间的关系(要用到一次函数和直线型经验公式),绘制零件的直观图和三视图,利用小平板仪测绘农村分校平面图等等。

我们现在强调的"数学情境的创设"、"密切联系生活实际"、"获得基本数学活动的体验"、"经历问题解决的探索过程"等等,在这些作业中不是体现得淋漓尽致吗?它们和当今课程改革的理念不仅完全一致,而且在实践上已经超过当今一些矫揉造作的所谓"情境创设"和"自主、合作、探索"。当然,时代在前进,这些经验不能完全照搬。我们只是说,不能全盘否定。

在萧柏荣老师的文章中可以看到,他们那一代的数学教师进行过一系列的数学教学改革,有些还相当深入。例如:

● 启发式教学法:设"疑"启发、归纳启发、类比启发、直觉启发和辨析启发;

● "自学——解疑——精讲——演练"的"自学辅导教学法";

● 发现型教学法和研究型教学法;

● "启发引路——自学探究——讲解点拨——练习提高"的单元教学法;

● 高考复习注意知识的梳理,包括记忆方法,使头脑里知识的存放井然有序,让头脑里的"知识球"越滚越大。

这些提法,和当前课程改革的大方向是完全一致的。这些数学教育改革的实践,是我们的宝贵财富。它可以为新课改的推行提供一些有益的历史经验。

1988 年萧柏荣老师上调江苏教育学院,从事师资培训工作。他与时俱进地研判国内外数学教育发展的趋势,及时总结自己所经历过的数学教育改革历程,加强《数学教育学》课程的建设。伴随着国家"素质教育"口号的提出,国外问题解决教学模式的引进,以及徐利治先生提倡数学思想方法的教学,萧柏荣老师都能及时总结消化,丰富了自己的教学内容,同时也有力地支持了新时期基础教育课程的改革。

在众多论述中,我特别注意到萧老师关于数学教学艺术的应用理论和具体实践,其中包括数学教学过程中的教学艺术构思、教学艺术表达以及指导学生数学解题的审题艺术、记忆艺术、变奏艺术和求创艺术等等。这是一种独特的视角。

借此机会,以下想谈一点如何建设具有中国特色的《数学教育学》的思考。

中国数学教育源远流长,但在 14 世纪之后归于沉寂。现代的数学教育由清末的教会学校开始发轫。1905 年废科举、兴学校。特别是辛亥革命之后,学校制度在中国普及。从那时开始的中国现代数学教育,已经整整 100 年了。

中国数学教育,先学日本,继之崇尚欧美,包括杜威的进步主义教育思想。1949 年建国之后,又曾照搬苏联。实行改革开放之后,全方位地引进欧美数学教育理念。因此,中国数学教育可说博采世界数学教育之长。我们并非固步自封,拒绝向国外学习。做了 100 年的学生,总应该有自己的创造了。"弟子不必不如师"。不能没有自信。

近十几年,国内外的学者都发现了中国的数学基础教育在实践上的确比欧美国家做得好。为什么?因为中国数学教育秉承了几千年的文化传统,以及积累了近百年的奋斗经验。文化的底蕴是智慧。我们应该从自己文化传统中获取智慧,运用东方的智慧突破西方在数学教育领域的话语权,发出自己的声音。

建国 60 年来,无数奋战在教学第一线的教师,已经创造出一批重要的理论成果,例如"中国数学双基教学"、"师生互动的合作形式"、"尝试教学"等等都是。至于"教师主导、学生主体"的认识,"熟能生巧"的教育古训,"变式练习"的措施,无时无刻不在影响我们的教学。这一切,是我们的宝贵财富,进行改革的基础。

重视自己的点滴创造,加以总结提高,是课程改革的一项重要任务。数学教育的改革,必须在我国数学教育前辈的肩膀上向上攀登。

2011 年 5 月,江苏南通举办《李庾南教学流派高层论坛》。令人耳目一新。教育部原副部长王湛在论坛上致辞,盛赞"本土化"的优秀教育传统所具有草根式的特点:真实,鲜活,具有顽强的生命力。事实上,"基础教育一线教育家的改革实践是产生中国基础教育课程改革新理念的最重要的源泉和基础"①。

历史是人民写成的。数学教育的历史,也一定是广大数学教师写成的。萧柏荣老师总结自己五十年来教学经验的著作出版了,值得庆贺。因作者之请,写了以上的感想,权作为序。

张奠宙

2011 年大暑

于华东师大数学教育研究所

(本序文收于萧柏荣著《数学教育探索五十年》.南京大学出版社,2012)

---

① 王湛.李庾南教学改革时间的成就与意义.基础教育课程,2011 年第 6 期,第 9 页.

莫雅慈《代数学习》序

香港大学的莫雅慈博士是我们的老朋友了。我们都叫她 Ida。1996 年,她以数学教育研究获得伦敦大学的博士学位,仍回香港大学任教。我们从那时起就认识了。后来她连续参加在上海举行的两届"数学开放题研讨会",并将祝庆老师的一堂"简单邮路"课的录像译成英文,向海外介绍。2004 年,我和戴再平教授应邀在哥本哈根举行的第十届国际数学教育大会上作 45 分钟演讲,也延请她来帮忙。总之,很感谢她为中外数学教育交流所做的努力。

如上所述,Ida 是数学教育的科班出身,能够加入到国际数学教育研究的主流行列。我是半路出家才跳进数学教育圈的人,功夫很浅。记得她给我一大摞的数学教育研究论文的预印本,我往往看不懂,很是惭愧。

不过,Ida 不是象牙塔式的研究家,而是力图把理论研究和课堂实践联系起来的工作者。于是,我有幸第一时间阅读了她的英文著作 *Learning of Algebra*。这是她根据博士论文改写的供数学老师阅读的版本,一读之后就被深深地吸引住了。记得第三章里有一段对话:

杰克:2＋3 的结果是 5,这真是太简单了。但是我不能够把 a 和 b 加在一起,因为我不知道 a 与 b 的值分别是什么。

约翰:这个很容易,结果就是 $a+b$。

杰克(沉默)。

"$a+b=?$"值得深思。这一十分简单的数学表示式,涉及"符号化"、不定元、代数运算、认知过程、建构主义教学设计等一大串理论和实际问题,玩味无穷。我把这个问题抛在一个数学教师的高级研修班上进行讨论,大家七嘴八舌,莫衷一是。共同的感觉是这样的问题太少了,没有考虑过。我们后来认为 $A+B=C,C$ 由 A、B 决定。当然这是否在课堂上适用,需要探讨。

我的一个感受是,中国大陆的数学教学研究,多半停留在一般教育理念上。诸如探究、合作、情境创设之类的理念,一阵风地刮过来,各个学科教育便跟着做注解:走一般教育理念＋数学例子的路子。建国以来,一直是这样做的,只是各个时期的"理念"不同而已。但是,Ida 的这本著作不是这样。她往往从数学课堂中提出数学教育的特定课题(如 $A＋B＝?$ 等),然后从数学教学的理论和实践中寻求答案。我们可以从一般教育理论中获得启发,更可以总结出数学教育的特定规律来,并以之充实一般教育理论。学科教育如果老是为一般理论作注解,学科教育自身就有被淹没的危险。

Ida 的这本著作的中文译本现在出版了。我希望有更多的读者能够从中受益,不仅是具体的知识层面的理解和探讨,更重要的是,在数学教育研究方法和终极目标上有一个新的认识。

以上是个人的一些感受,权作为序。

张奠宙

2010 年 7 月 31 日于上海

(莫雅慈的这本著作尚在出版中)

黄毅英主编《数学教师不怕被学生难倒了》序

在师范大学数学系教了一辈子的书,内容包括数学分析、函数论和数学教育。回顾往事,耳边时不时地会响起如下的三方对话。

甲(师范生):"师范生学那么多的高等数学干什么? 中学里根本用不上!"

乙(高等数学教授):"要给学生一杯水,教师必须有一桶水。居高才能临下嘛!"

丙(教育学教授):"学习的主体是学生,教师高高在上'给'学生注水,不符合建构主义理论。"

乙:"依此推论,教师本身有没有水、有多少水都没有关系,与学生一起合作去打井取水岂不更好?"

丙:"我们就是要反对学科中心主义。不过,我们不反对把教育学和数学结合在一起,让师范生具备必要的数学专业教学知识。"

甲:"数学教师当然要有数学知识,关键是要对中学数学教学有用的知识。居高未必能临下。"

乙:"不管怎么说,数学教师作为一位专业人士,数学素养是一切的基础,教育学是必备的手段,居高临下则是大家努力需要解决的问题。"

对话内容丰富,这里只是几句引言。

今天刚刚打开电脑,黄毅英教授和他合作者的新著(电子稿)发在我的信箱里。打开一看,屏幕上显示的数学文本,再次触动了上述三方对话的心弦。

记得 2000 年在北京师范大学召开一次讨论会上,前复旦大学校长杨福家院士曾问:"综合大学和师范大学同样教《理论物理》,两者有什么不同呢?"他在演讲中似乎也没有明确给出答案。我经过思考,给出的回答是:"师范大学所有课程的教学,都应该善于把各种知识的学术形态转变为学生易于接受的教育形态。高等数学课程、初等数学课程,以及教育类课程,概莫能外。"

我想,黄毅英等编著的这本书,就是一次将数学的学术形态转化为教育形态的尝试。

关于高等数学、教育学和初等数学的关系，我曾经有一个比喻。这里有两座山头，高的是高等数学，低的是初等数学。数学教师的任务是带领学生登上初等数学的山头。教育学是攀登初等数学山峰的人造阶梯。如果不爬那个高等数学的山头，当然也能慢慢地爬上那个初等数学的山头。那么，教师为什么要费力地攀上高等数学的山头呢？理由有三。一是教师需要证明自己有攀登高峰的能力，为学生们做出榜样。二是能做到"一览众山小"，有宽阔的视野。三是具有攀登高峰的经验，可以应付各种困难险阻。所以说，学习高等数学是必须的，不可少的。

不过，初等数学毕竟有自己的特点。中学数学里常常有许多说不清道不明的问题产生，需要研究解决。在将数学的学术形态转化为教育形态时，需要教育学的帮助，更需要高等数学的修养。因此，架起高等数学和初等数学两座山峰之间的桥梁，就是一桩不可缺少的工程。

晚近以来，数学教育改革崇尚理念的改革，多半走"一般教育学理论＋数学例子"的路子。对于数学本身的修养则有所忽视。数学教师的进修内容，缺乏数学内容。数学教师的晋升，只问公开课上的表演，不关注数学内容的把握。可以说出现了某种"去数学化"的倾向。因此，从现代数学发展的高度审视中小学数学课程，注重数学本质，研究教学内容知识，成为一项当务之急。数学教育研究的一个主要任务就是为了架桥。国外盛行的"教学内容知识（PCK）"研究，"数学教学知识（MKT）"研究，都属于这一类。本书的撰写意图，大概就是想提请数学教师关注数学本身，提高自身的数学素养，力求高屋建瓴，居高临下。

架起高等数学和初等数学之间的桥梁，许多数学前辈做过努力。例如克莱因（F. Klein）编著的《高观点下的初等数学》就是这方面的经典。不过，许多中小学数学教师觉得这些著作还是难以消化，不能比较直接地解决教学中出现的问题。现在，黄毅英等编著的这一本著作，则在向数学的深度和广度进军的同时，更注意贴近教学实际，特别是正面回答了许多一线教师提出的问题，如为什么负负得正，0.999…＝1？等一大批数学问题。这一特色，显示了本书的实用价值。

不过，把中学数学内容的学术形态转为教师容易掌握、学生容易接受的教育形态，是一个长期的过程，不可能一蹴而就，毕其功于一役。黄毅英和他的合作者在这个方向上走了坚实的一步，将来还会要继续走下去。

毅英教授是我们多年的老朋友。他以学贯中西,扎根香港本土,接近民众,勤写多产闻名。我向他学习过许多。多年来,他关注内地数学教育,尤其是培养了一批博士,做出了特定的贡献。他的新著出版,理应致贺。于是拉杂地写了以上的感想,权作为序。

张奠宙

2011 年元月

于华东师大数学教育研究所

(本序文收入黄毅英主编的《数学教师不怕被学生难倒了》.华中师范大学出版社,2012)

第六部分
编后漫笔

这是 2003 年至今，担任《数学教学》主编和名誉主编时所写的编后语。这些文字都是由我执笔，再请时任执行副主编或主编的赵小平审阅修改，然后联名发表。这里收集的是历年各期编后中较有普遍意义的一些文字。大体上按时间顺序排列。

与赵小平合影(2011)

纪念弗赖登塔尔访问中国

2004 年,将在国际数学教育大会上颁发"弗赖登塔尔奖",正如在国际数学家大会上颁发"菲尔兹奖"那样地隆重。这位 20 世纪最伟大的数学教育家弗赖登塔尔,曾经在 1986 年冬访问中国。为此,我们特约唐瑞芬教授撰文记述当年访问的盛况。她是弗赖登塔尔进行学术讲演时的中文翻译,又是我国研究弗氏著作的专家。

作为历史的见证人,我们还不应忘记出面邀请弗赖登塔尔来华访问的陈昌平教授(1922—2005)。陈教授是我国研究微分算子的专家。他致力于数学教育的第一件事,就是把世界上最好的数学教育家请来。过去不认识,没关系,设法找到工作地址,大胆去信邀请,事情终于成功。弗赖登塔尔的最后一部著作《访问中国》就此诞生。

高瞻远瞩,向世界上最强、最高、最优秀的学术水平学习、看齐、对话,使中国数学教育逐步走向世界。这需要胆识和魄力。"取法乎上,仅得乎其中"。我们期望继续看到数学教育高水平的国际交往。

(2003 年第 5 期)

传统和新型教学方式的结合

读了关于美国数学战争和阅读战争的短文(见本期"国际数学教育"栏目),感慨良多。美国有"基础派"和"建构主义派"的争论,而且形成了激烈的"文化战争"。齐默曼教授建议,提高数学教师的数学水平,做到传统的和新型的教学方式的结合,战争就会停止。联想到中国,这两派的论战其实也一直存在,只不过没有爆发成公开的战争就是了。我们觉得可以关注以下几点:

1. 建构主义其实只是一派的观点,并非绝对真理。

2. 传统的教学方式,中国的"双基"教学,包括记忆模仿,并未过时,只是需要和新型的教学方式相结合。

3. 提高数学教师的数学水平才是关键。但愿中国的教师培训不要老是谈一般教育理念。

最近,有消息报导杨振宁在台湾的言论称,"我总觉得太把西方人的见解当成讨论的基础、焦点","90％的小孩,用中国传统教育较扎实"。(《联合报》2002 年11 月 3 日)我们在教育科学研究中对自己的传统恐怕过于忽视了。

(2003 年第 6 期)

研究一下高考命题理论,如何?

高考的帷幕刚刚落下,评论考题的稿件就如雪花般地飘进编辑部信箱。今年数学卷的题目多、难度高、计算量大是公认的。各方面对此的看法不尽相同。有的认为今年的数学卷"注重考查应用和创新能力","有利于对学生数学素养的综合考核",另有些同志则忧心忡忡,认为今年的数学卷"计算量非常大,每一题都要经过详细的计算","考题要是不改革,学校教育可能又会回到题海中去,不利于倡导素质教育"。

我国的高考命题导向,历来有两类:一是注重考基础;另一种是强调考能力。基础面广量大,又要注重知识点覆盖率,于是题目越来越多,几达"世界之最"。能力则无边无沿,题目变得越来越难。今年,量多题难,难为了学生,也难为了明年的数学老师。

问题是需要这么多题目吗? 知识点覆盖率要求合理吗? 计算器进考场后,如何减轻计算量? 我们的高考数学命题理论果真是"唯一正确"的吗? 看来值得研究。本刊前几期陆续刊登日本、法国的高考题,就没有那么多的题目,可见世界上的高考题并不和我们的一样。

当然,想要在一次承载了相当沉重的社会责任的考试中充分地、刻意地"表现"数学教学改革的方向是非常困难的,效果难以预期。当年属于"能力立意"的考题,也许会成为下年新"题海"的源头。

但是,改革、发展总是硬道理。

(2003 年第 7 期)

冷静对待"高考分数"

本期刊出柴俊等的文章,谈及"高考分数"和进入大学数学系一年后的考试分数"不相关",而且是很不相关。初看令人难以相信。但是,调查的数据确凿可靠,而且三所高校无一例外地得出同一结论,这就不由你不信。

产生这一现象的原因很多,其中一个主因是对高考分数的态度。我国实行"从高分到低分"的录取方式,无形中产生了一种"分数崇拜"和"分数迷信"。例如,难道"高考状元"表示他在当年考生中才能最高?为什么每年都要大刮"状元风"呢?"状元"们被社会"捧杀"的例子已经不少了。某权威人士说,真正的人才在高分段的 0.618 处。

数学高考以 150 分为满分。如果两个学生高考数学成绩相差 10%,即 15 分,数学能力应该在同一个档次,没有质的差异。加上一次考试的偶然性,相差 20 分依然不能说明数学才能有明显差别。因此,高考分数略有高低,不必太在意,以一分、两分来区别人的才能,更不足取。同样,大学一年级的考试分数,也不能分分计较。我们的目标需定在未来的科学高峰。

这里,我们并无否定高考成绩的意思。高考分数确实能够在大体上分出数学才能的档次,高考成绩仍旧是考生才能重要的参照。在目前还没有更好评价方法的情况下,"从高分到低分"的录取办法仍然必须沿用。我们要反对的只是"分数迷信",包括以一分、半分作为"分数奖励"的依据等等做法。

总之,在制度上,不得不遵循,在评价上,则要冷静。不要把"高考分数"吹得神乎其神,搞成"分数崇拜"。以致误导社会舆论,误导学校教学,误导学生。

(2003 年第 8 期)

祖冲之的悲剧

这两月,高考状元的报喜声此起彼落。国人对"科举"的偏爱,似乎较之前些年越发厉害了。新到的《科学》杂志(今年第四期)有郝柏林院士的长文。其中提到:"一千多年的科举考试中,没有涉及自然科学的内容,教育界的高层领导根本不懂科学,是故'废而不理'……多少代优秀知识分子把毕生精力消耗在遣词造句的文字游戏中,使我们这个民族浪费了多少大脑资源!"文后附有一个涉及祖冲之的注解:

祖冲之"所著之书,名为缀术。学官莫能究其深奥,是故废而不理"。(《隋书》第 16 卷)。

我国伟大的数学创造《缀术》,就这样断送在主持科举的学官手中。

今日的高考,与过去不可同日而语。考试内容当然有自然科学和数学,考题也在不断改革。高考状元不是天子门生,并非做官的预备队。主持考试的领导自然也是懂"自然科学"的。不过还是有一点担心:凡不考的,老师不教、学生不学,弄到后来会不会也有"废而不理"的效应出现?凡事贵在制度创新。高考制度不改,实行新课程、新教改,难。比如,如果高考考不出创新能力,就会弄得实行创新教育者吃亏,倒是搞题海战术者占便宜。一旦广大青少年的创新精神受到抑制,类似祖冲之那样的悲剧在某种意义下重演,难道是不可能的吗?

(2003 年第 9 期)

欣闻"数学教育博士论坛"

本期刊出的《倡导学术规范,提高研究水平——2003 年数学教育高级研讨班纪要》上,提到一个活动是"博士论坛"。五位"海外"的博士,五位"本土"的博士,就"如何进行数学教育研究"谈了自己的体会,情真意切、立意高远。数学教育研究中新生一代的骨干,已经走上历史的舞台。这是中国数学教育在新世纪的一桩具有标志性的事件。

自 1983 年起,中国大陆开始授予博士学位,首批博士中,数学博士占了多数。此后每年培养的数学博士都有数十名,以至许多大学的数学系,聘用教师,非博士免谈。但是,数学教育是个例外。本土的数学教育博士,除了由一般教育学和心理学培养的少数涉及数学的教育学博士以外,真正的"学科教学论"的博士是 21 世纪才有的。

国外出现大批的数学教育博士,也是第二次世界大战以后,特别是 1960 年代"新数学运动"以后的事情。西方国家培养数学教育博士,大多有自己的学术规范,如同一般科学那样(包括教育学和心理学),严格科学选题、挑选研究方法、注重科学证据,不尚空谈。

数学教育"博士论坛"谈数学教育研究,是一件令人兴奋的事。在学术上,借鉴国际通用的学术规范,当是发展中国数学教育的必由之路。现在,这一过程才刚刚开始。

(2003 年第 12 期)

让"开放题教学"成为"家常菜"

本期刊载戴再平的关于开放题教学与考试的文章,希望能有更多的人来关注这一课题。

1990 年代以来,中国数学教育发生了许多重大变化。其中"开放题及其教学"的研究与实践,颇为成功。短短几年,"开放题"一词见于政府文件,编入教材,出现在万众注目的"中考"、"高考"试卷之中,以至成为广大数学教师耳熟能详的名词。我国的教育研究项目何止千万,能获如此实际效果者实在不多。不过,"开放题"在许多老师的眼里,还是平常难得一见的"宫廷菜",多在公开课、探究课、实验课中见之。现在的任务是,再进一步,如能使开放题成为数学教学中的"家常菜",也许对数学教学有更大的意义。落实于双基,有利于创新,当是未来的目标。这其实并不难做到。试看一道早期开发的"小型"开放题:

试比较下列两个单项式的异同:$12a^2b^2c$,$8a^3xy$。

这样的开放题,答案很多,却也没有一个十分明确的穷尽了的标准答案。在日常教学中用起来,既有探究兴趣,又能密切结合"双基"需要,何乐而不为?

(2004 年第 1 期)

"技巧有时是音乐的敌人"

本期刊登了一篇论中国的"双基教学"的文章。一篇以色列的文章,也看到基础确实很重要。但是基础不仅仅是技能技巧,数学上过分注意技能技巧,津津乐道,回避数学问题的本原,忽略数学思想的领悟,也是当前数学教育的弊病之一。这里,我们不妨借鉴音乐方面的情形。

2003 年 12 月 23 日文汇报记者报道的题目是"弹肖邦要尽量多情",对话如下。

记者:"傅聪先生,您曾经说过,现在的年轻人弹奏技巧越来越好,能不能告诉我们,您的潜台词是什么?"

傅聪:"现在很多孩子都是从 3 岁就开始练琴,练到 10 多岁,基础打得很扎实,基本技巧好得不得了,连我也很羡慕。但是呢,音乐其实他们懂的并不多,所以我说技巧有时是音乐的敌人,技巧和音乐根本是两码事。"

那么,是不是"数学技巧"有时也会变成"数学的敌人"? 如果"弹肖邦要尽量多情",做数学又应该怎样? 值得深思。

(2004 年第 2 期)

也说"信息重复、信息低劣"

近读作家韩少功批评当代小说的言论,不长,摘录一段如下:

信息重复和信息低劣是当下很多小说的通病。吃喝拉撒,衣食住行,鸡零狗碎,家长里短,再加点男盗女娼,一百零一个贪官还是贪官,一百零一次调情还是调情……这些人们通过日常闲谈和新闻小报早已熟知腻味的内容,小说再拿来挤眉弄眼绘声绘色炒一遍,无疑是"叙事的空转"。

这段言论引起不少争论。赞成者认为触及了当前小说创作的弊病:内容贫乏,表现手法雷同,缺少个性。反对者认为这是"以偏概全",因为《红楼梦》就是写吃喝拉撒,衣食住行的。

那么数学教育的文章,情形如何? 我们认为,"信息重复和信息低劣"现象确实存在着。每年发表的数学教育文章上万篇,真正给人留下印象的实在不多。现今的教育类文章,好的固然有,差的也真不少。引用外国几句"名言",说上几句流行套话,教训的口气,权威的模样。其实呢,大而无当,尽人皆知。

作家要个性化,数学教育研究何尝不是?《红楼梦》写的是"吃喝拉撒,衣食住行",但是曹雪芹写的人物有个性,活生生的,深刻。数学教育无非是研究课程、教材、课堂,还有日常的教学。但是,大家雷同,抄来抄去,"研究空转",有什么意思? 实际上,数学课堂是丰富多彩的。扎根本土,放眼世界,见前人之未见,发前人之未发,打上个人的印记,文章才有意思。

在第一线的教师,是数学教育的主体。真知灼见是从课堂里发源的。我们希望看到来自数学教育前线的"个性化"的报道。

本刊愿和大家共勉。

(2004 年第 3 期)

从刘翔训练的强度和效率说起

刘翔获得 110 米栏奥运冠军,平了世界记录,国人无比振奋。我们在欢呼之余,数学教育似乎也可以从中学到一些东西。

据报载,孙海平教练给刘翔的训练时间不长,每天也就是三个小时左右。但是训练讲究效率,注重科学。这就联想到我们的数学教学。"大运动量"的演练,无边无沿的题海,无穷无尽的作业,似乎成了获得好成绩的不二法门。那么,在数学教学领域里,是否也要讲究"效率",注重"科学",反对"蛮干"呢?

以中国之大,数学教师之强,一定也会有"孙海平"式的优秀数学教育工作者,为学生设计高效率的训练体系。如果读者能够推荐优秀的成果,甚至个人能够主动介绍自己的经验,逐步把减轻负担、注重效率的数学训练方法总结出来,当是一件幸事。我们等待着。

(2004 年第 10 期)

数学高考时间是否可延长为 3 小时？

本期刊登了 2004 年数学教育高级研讨班的会议纪要。这次研讨的主题是"基础与创造"。发言的很多，却漏了一个重要方面：高考和双基的关系。

扎实双基和严酷高考，都是中国数学教育的特色。高考难以评价创造性，"基础题"占绝大多数，于是，教学上大力加强基础训练。

从好的方面说，高考和中考注重数学基础的检验，有利于数学双基教学的落实。从不好的方面说，由于高考的过度竞争，导致双基异化，基础过剩。

今年某地春季高考，几乎全部是基础题。新颖的应用大题、开放题、情景题、建模题没有了。如此指挥，基础是打扎实了，创新也就淡出了。

俄罗斯最近逐步实行全国统一高考，题量和中国相同，考试时间为 4 小时。最近刚刚公布的 2003 年大面积国际数学测试 PISA 的考试时间为 3 小时 15 分。13 岁学生参加的著名的 TIMMS 考试甚至不限制时间。本刊去年第 12 期刊登的日本数学高考，总共只需要做 4 个题（都是填充题），时间是 1 小时。

请问，我们为什么要在 2 小时内完成 24 个题目，惹得大家都做不完，需要飞快回答，没有思考时间呢？

我们不期望高考制度有大的变革，但是在命题内容和考试时间上，应该运用新的思维：数学高考延长为 3 小时如何？

"双基"毕竟是基础，不能变成速算比赛，给考生以思考的时间吧！

(2005 年第 2 期)

再次呼吁延长高考数学考试时间

本刊今年第 5 期刊出倪明的文章,其中提到俄罗斯高考数学科的考试时间是 240 分钟。又据报载,法国巴黎高等师范学校数学科入学考试的时间是 4 小时。挪威高考数学科的时间更多,是 6 小时。

反观中国的高考,数学试题 20 道题以上,考试时间只有 2 小时。即便现在全国许多省市有命题权,数学考试时间也规定 2 小时完卷,大部分考生和老师都说做不完。

为什么国外的数学考试时间如此之长?理由很简单,考试是检测学生能不能解出考题,而不是解得快不快。也就是说,会解就行,速度并没有那么重要。

为了提高高考的解题速度,现在的高中数学教学,要求学生做到"一看就会,一做就对",于是教学上不得不进行大运动量训练,以熟练来应付速度。因此高考中所谓考学生的能力,事实上对解题速度的考察占了很大的比重,而对数学思维的考查占得比重很小。细想起来,延长考试时间,对于缓解过度训练,关注考生的主动思考能力,应该有所裨益。

考试主管部门可能会说,延长考试时间会有许多困难,例如喝水、如厕等问题会很麻烦,可是这些麻烦也不是中国独有的,人家能解决,我们为何不能解决?依我们看,非不能也,乃不为也。

(2010 年第 10 期)

关于教师的"一桶水"

几十年前,有一句教育老话是:"要给学生一杯水,教师得有一桶水。"一个中学数学教师虽然只教中学数学,但必须学习数学分析、高等代数、函数论、微分方程、概率论、微分几何等高等数学课程。要当好数学教师,必须吃透《数学课程标准》,搞通数学教材,做过数学难题,经历过深层次的数学思考,包括做一点数学研究,其目的都是为了帮助教师储备一桶水。

现在,据说这样的观点不时兴了。听课时发下来某些"评课表",居然只有"情意过程"、"认知过程"、"因材施教"、"教学基本功"四个指标。至于数学概念是否清楚,数学论证是否合理,数学思想是否阐明,则处于次要地位,可有可无。如此釜底抽薪,数学课堂危险。

按这种评课的理念,老师们何需有一桶水? 一杯水也行,只要告诉学生到大河里去"取水"就行了。极而言之,教师可以没有水,只要组织学生、引导学生、与学生合作,一起去探究挖井,那样"建构"得水的过程是何等"美妙"啊!"水是否好喝"的结果并不重要,重要的是那个过程啊!

学生应该主动取水,包括几次打井。然而,打井取水,一辈子难得经历几次。平常还是得喝自来水、喝"桶装水"。

总之,数学老师还是需要清醒一些,继续保持自己的"一桶水",而不能变成"半瓶醋"。至于一桶水如何成为学生杯子里的"水",那当然要遵循教育规律,学习先进的教育理念。

(2005 年第 3 期)

给中国的几何教学定位

近日,ICMI 的现任执行委员、香港大学梁贯成博士来上海访问。他在演讲中提到,我过去总是到"国际教育超市"里去挑选香港数学教育需要的"理论",然而从 TIMSS 的国际调查看,东亚地区(包括香港)的数学成绩却总是名列前茅。因此,最近几年,我觉得要多多认识自己的长处和弱点,认真给香港的数学教育定位,不要老是跟着别人跑。

这番话不仅适合于香港,也适合于中国大陆的数学教育。最近,关于初中平面几何的教学,又有不少争论。为了中华民族的未来,几何学的改革牵动着人们的心。由梁先生的演讲想到,我们在寻求答案的时候,恐怕也得首先给"中国的几何教学"定位。

本期开设了"几何教学改革"的专栏。其中有几何教学改革的历史追寻,也有国际视野的介绍,包括我们自己的思考。不管怎么说,中国几何教学是我们的强项之一。

改革是非常艰难的。有争论是好事,真理越辩越明。我们希望不仅摆观点,也能够开药方,以便找到适合中国国情的几何教学改革的方向和途径。

(2005 年第 5 期)

《数学教学》50 岁有感

《数学教学》50 岁了。刊物的创办者大多已成古人。我们组织了几位健在的老人,说一些老话,再刊发一些"老文",供大家遥想当年。与此同时,也有一些编者的回顾,读者的评议,为今后的工作进行谋划。在此,我们衷心感谢为庆贺本刊创立 50 周年撰文的各位先生,感谢读者对刊物的关怀。纪念特刊中当然应该有一些庆贺和纪念的文字,却也不可过多。刊物毕竟要反映现实,特别正值高考之后。

记得有首歌叫做"革命人永远是年轻"。对人生来说,50 岁,年过半百,将要步入老年。至于《数学教学》的 50 岁,也许正是青年时期。尽管数学教育的历史几乎和人类的历史一样长,但是它的规律还远远没有为我们所认识。甚至有人认为"数学教育"还处于襁褓时期,是名副其实的"朝阳学科"。

经过改革开放 20 年,国家的面貌发生了翻天覆地的变化。各种教育事业的发展也达到了历史上从未有过的高水平。值得深思的是,数学教育的水平是否比建国初期有了飞跃的提高呢?恐怕未见得。悲观者甚至认为今天的数学教学水平不及 1960 年代。总之,需要我们做的事情太多太多。进入 21 世纪之后,我们正处在数学教育改革的潮头上。改革发展是硬道理。面对时代的需要,无论碰到什么困难,我们都应该保持旺盛的斗志,保持"革命人永远年轻"的心态。

当前正在进行的教育改革,百年难遇。我国数学课程的大变革,在 20 世纪只有两次:五四运动时数学教育的学校化,以及建国之后在学习苏联基础上形成自己的体系。第三次大改革现在正在进行。能够躬逢其盛,岂不是我们的幸运?愿我们在改革的风浪中搏击,在变革中冲浪。改革必然有争论,正确的需要坚持,错误的需要修正,而坚持和修正都需要革命者勇气。历史将会记住每个人在改革中留下的身影和足迹。《数学教学》将提供这样的文字记录平台。

早先有一句话是"思想积极,行动稳妥"。投入任何改革,没有激情是不行的,而只有激情也是不够的。在未来的岁月里，愿我们大家都保持年轻的心态，用高度的热情、智慧和理性，为建设中国独特的数学教育体系而努力奋斗。

期待《数学教学》的今后 50 年更加辉煌！祝本刊读者事业成功！

（2005 年第 7 期）

有感于"数学教育神话"

　　本期刊出一篇译文,说的是有关美国数学教育的"学习神话"。这是持不同意见双方的辩论纪要。一方面是美国最具权威的数学教育组织——"全美数学教师协会(NCTM)",2000 年编制的《数学课程标准》为许多美国学区采用,并影响世界。另一方则是一群对美国数学教育不满的学者和家长。美国关于数学教育的辩论由来已久,世称"数学战争"。这次的辩论,由华盛顿邮报记者组织双方的意见,在报上公开发表。

　　读了这篇报道,第一个感觉是:中国也同样流传着这样的神话。近年来的数学教育导向,视"过去的"为"传统的",而传统观念则是需要转变的。启发式、"加强双基"、记忆练习等等,似乎都"过时了"。今日提倡的数学教学模式,只能是"情景、活动、合作、探究、发现"。建构主义被捧到天上,成为学习理论的新纪元和革命。教师的主导作用不敢提了,讲授成了错误。学生只有自己探索才是获得知识的源泉。读了这篇报道,我们知道这样的神话在美国盛行,中国的数学教育神话看来源自美国。

　　这篇报道给我们的第二个启示是,教育改革需要辩论。教育理念需要在争论中形成,改革不能靠强力推行。美国的 NCTM 是一个权威机构(虽然是民间组织)。她所主张的"问题解决"数学教育模式,曾经风靡世界。那么 NCTM 的主张是否正确呢? 在美国是有争论的。中国的数学教育目前也面临着争论。这是好事。不过,我们缺少一种面对面争论的气氛。一派声音大了,另一派就不作声了。过了一阵,这派声音大,那派又沉默着。影响到基层,就会感觉到在"翻烧饼"。

　　中国是一个有悠久历史、丰富实践经验的教育大国。独立思考,不随波逐流,用自己的头脑思考,并在这基础上,开展学术争论。这样做,有助于中国的数学教育的发展与进步。破除一些不合实际的"神话",也是对世界数学教育的一份贡献。

（2005 年第 9 期）

关注数学教育的国际潮流

2005 年以来,国际数学教育出现了一些新的变化。本期刊登的"克拉克教授谈数学教育理论中的二分法",就很值得注意。这两年,我们搞"一言堂"、"一刀切"已经相当厉害了。沾上"新"的东西便是绝对的好,一说"传统的"就是绝对的错误。澳大利亚的教授希望认真学一点二分法,值得关注。

更重要的是美国的信息。美国的数学家认为美国的数学教育缺乏数学味,因此展开了一场"数学战争"。近来,美国数学家和数学教育家坐在一起,探讨大家的共同基础。其中的许多经验教训值得我们研究汲取。以下摘录有关"教师知识"的一段共识(见 Ball, D. L., Ferrini-Mundy, J., Kilpatrick, J., Milgram, R. J., Schmid, W., Schaar, R. Reaching for Common Ground in K - 12 Mathematics Education [J], Notices of the American Mathematics Society, 2005,52(9),1055 - 1058):

"有效的数学教学依赖于深刻理解的学科知识。教师必须能够做他们要教的数学,但是仅此而已对教学来说是不够的。有效的教学需要理解隐含的意义,并说明教学的观点和程序,能够建立主题同主题之间的联系。使用数学术语和记号的流畅性、正确性和精确性是关键的。教学要求教师对特定数学观点以适当的数学表征表示出来,并建立教师和学生理解之间的桥梁。这需要教师的智慧来作出怎样降低数学复杂性的判断,适当处理数学精确性,以便既有利于学生易于理解,又保持数学的完整性(integrity)。"

美国数学会主席、国际数学教育委员会主席巴斯(H. Bass)建议数学教育应该成为另一种"应用数学"的领域,它需要使用高度专业化的数学知识,即教学的数学知识(mathematical knowledge for teaching),这种知识包括:

(1)共同的数学知识(所有受过良好教育的成人所需掌握的);

(2)特殊的数学知识(只有从事教学工作所需要的数学知识,但是,其他数学相关的行业(包括数学研究)并不需要);

（3）学生的数学知识；

（4）数学和教学的知识。

希望对数学教育作出贡献的数学家首要任务是敏锐地理解这个应用领域,它的数学问题的属性,以及在这个领域有用并可用的数学知识的形式(见 Bass,H. Mathematics,mathematicians,and mathematics education. Notices of the American Mathematics Society,2004,42(4),417-430,p.418)。

美国的数学教师培训,曾经忽视数学知识的掌握。对此,他们有切肤之痛。当"建构主义"教育理论几乎成为数学教师培训主题,"去数学化"情势越来越严重的今天,我国的数学教育界是否也应该反省一下呢?

（2006 年第 3 期）

教育改革还是"渐进式"为好

2006 年,离"文革"结束整整 30 周年了。30 年前,我们的各行各业进入了改革开放的年代。改革,成为当代的主旋律。

经济改革给中国社会带来了翻天覆地的变化。从阶级斗争为纲到以经济建设为中心;从计划经济到社会主义市场经济;从铁饭碗到合同制,人们必须"转变观念",同"违背社会发展规律的那些传统决裂",在经济管理、现代企业制度上与"国际接轨"。这种改革的模式,姑且称之为"剧变性"改革。

文学艺术的改革,则是另一种模式。中国的优秀文化传统必须继承发扬,外国的优秀文化应当吸收引进,民族的往往是世界的。我们既弘扬中国画,也发展油画;既有美声唱法,也有民族唱法(近来提倡原生态唱法),民族音乐和交响乐队并存。这里,只有"与时俱进"、"改革进取",却没有转变观念,与国际接轨之类的口号。这姑且称之为"渐进性"改革。

近来,数学教育遵循素质教育与创新教育的方针进行了卓有成效的改革。新课程、新理念,改革的大方向是对的。但是,就改革的模式来说,给人的印象却是类似于经济改革的那种。我们也天天要教师"转变观念",一提"传统的教育方法",那就是表示落后,似乎中国的教育一无是处,必须加以废弃,必须和国际上的某些理论(特别是和杜威教育观相接近的一类)靠拢;"新"的就是好的,"老"的就是错的。这样做岂不是很有一点"剧变性"味道?

如果仔细了解一下数学教育,就会觉得还是应该"渐进式"为好。中国数学教育并不落于人后,学生的数学学习成绩,在世界上位居前列。虽说不以分数论短长,却也不必自惭形秽。"双基教学"、"启发式教学"、"变式教学"、"解题教学"都属于优良传统。因此,似乎不必转变观念,提高认识就是了。无须和国际接轨,洋为中用才对。

认认真真发扬优良传统,扎扎实实针对弊病搞改革,扬长与避短并举才好。

1958 年的教育革命,起始于教育领域的"文化大革命",这些"剧变式"的改革都失败了。我们真应该汲取教训。顺便说说,老是转变观念,年年否定自己,不重视自己的传统,甚至弃之如敝屣,中国怎能出教育家?

(2006 年第 4 期)

为保持学术研究的纯洁性而奋斗

本期有一则关于"抄袭"的短消息,读者不妨关注一下。

近来,有关学术腐败的消息屡有所闻。外有韩国黄禹锡因学术造假而遭司法起诉,内有上海交通大学陈进因"汉芯"学术欺骗行为而被解除微电子学院院长、教授职务。对于这样的学术腐败,进行严肃处理,借以警戒世人,舆论界给予坚决支持,广大人民群众更是衷心拥护。

不幸的是,本刊也屡屡遭受"学术诚信"的考验。涉嫌抄袭、一稿两投的事情时有发生。去年,我们曾在年终发了一条消息,指出一些作者的不当行为。

今年,本刊又一次遇到了"抄袭"问题,这一期,我们做了快速的即时处理。日前我们得到举报,指出本刊今年第 2 期刊出的万自成的文章"高中'问题解决学习'的一次实践",另有原作者。问及万自成,回答是:我从学校的电脑上看到同事所写的该文,觉得不错,写上自己的名字就投了过来。听了这番解说,惊诧莫名。难道进了商店,看见某物品不错,就可以拿来么? 道德底线似乎已经荡然无存。于是,我们只能对读者负责,立刻把这则短消息公布于众,表明态度。这对本人当然是一种警戒。我们希望本着"惩前毖后"的精神,今后不再出这类事。

由此引申开来,一稿两投甚至多投,引用别人的文字不注明出处,把别人编制的题目当作自己的创作,也都是缺乏诚信的表现。"千里之行,始于足下",让我们为学术的纯洁和崇高而共勉,加强自律,多方监督,杜绝这类不良现象,为建设一个良好的学术环境而奋斗。

(2006 年第 6 期)

真的担心高考命题八股化

年年高考，今又高考。中国保持的这块"高考"净地，为老百姓所信任、推崇，我们应当维护、发展、提高，使之能更好地为社会进步服务。本刊自然要为它效力。

高考制度改革十分困难，需要整个社会努力，并非教育界人士的努力所能企及。不过，高考命题的内容和方法，则是我们自己可以着手进行的。

例如，数学高考试卷，非得要那么多的题目吗？即便优秀生也没有多少思考的时间，必须看到题目就立即下笔。正因为慢了不行，才逼得老师和学生做大量的题目，快速答卷，以形成条件反射为目标。考试这样指挥，已经背离了考察数学能力的初衷。谓予不信，可找几位数学素养很好的高三老师来做做看，他们即便熟悉试题，毕竟读卷、思考、书写速度不如年轻学子，不一定能拿到高分。那么，出那么多题目做什么？本期刊有日本的高考统考数学试题，不过区区几个题目。我们多次刊出的莫斯科大学入学试题，也不超过十个。回顾我国 1960 年代的数学考题，也是不多的几个题。现在的高考命题模式难道不能有丝毫改变吗？俄罗斯全国数学卷统考的考试时间为 4 小时，说明现在规定的 2 小时也不是"国际惯例"。全国已有十几个省市可以单独进行数学命题，可是题目类型、数量如出一辙，何必如此？上海是中央批准"考试改革"的地区，考试命题为什么不能有大的动作呢？

高考的危险在于八股化。稳定过头，就成了八股。真的，很担心当今高考命题的八股化。高考一定要考，但命题一定要不断地改进。建议题目少一点，时间长一点，思考多一点，价值高一点。编后杂感，说说而已。如能对高考改革有所帮助，则万幸。

（2006 年第 7 期）

创新教育下的"教师主导作用"

学生是学习的主体,教师在教学过程中发挥主导作用。这样的提法一向为我国广大教育工作者所接受。近 10 年来,基础教育中鼓励学生创新成为教育改革的指导思想。于是,"教师的主导作用是否会束缚学生的创新精神"俨然成了一个问题。渐渐地,教师在教学中发挥主导作用的提法淡出各种文件和论述。代之而起的则是"教师是教学的合作者、引导者、组织者"等等,刻意回避"主导"两字。

今年 6 月,胡锦涛同志在两院院士大会上的讲话指出:"在尊重教师主导作用的同时,更加注重培育学生的主动精神,鼓励学生的创造性思维。"

院士大会的主题是创新。在论及基础教育如何提倡创新精神的时候,胡总书记正面提出"教师的主导作用",而且要加以"尊重"。令人一振,发人深思。

教师在教学中的主导作用,是一个客观的事实。教学内容的选择,教学过程的设计,教学成果的评价,都是教师为主确定的。杜威倡导的"以学生为中心",搞"教育即生活",证明是失败的,至少不符合中国国情。

胡锦涛同志重提"教师主导作用",并不是简单地回到过去,而是与时俱进,提出了新的要求,用"更加注重"四个字,强调培育学生的主动精神,鼓励学生的创新思维。这就为在新时期如何发挥教师主导作用指明了方向。

近些年来,数学教育改革中的一些提法,对我国数学教育的传统,总是以批判、否定、抛弃的思路来为新理念开路。实际上,教育的真理并不在一件事情的两端,而是在中间地带的某个平衡点。有所强调是可以的,全盘丢弃则是不可取的。

关于"教师主导作用"提法的讨论,再次告诉我们,多一点辩证法该是何等地重要。

(2006 年第 8 期)

有感于"线性"和"非线性"

2006 年 11 月 27 日,上海《文汇报》第五版发表记者陈韶旭的文章,题目是"破解国际金融中心建设机遇函数"。其中提到 $F(A, B, C) = A + B + C$ 是线性函数,$F(A, B, C) = (A + B)^C$ 则是非线性函数,而从线性到非线性是质变。"线性函数"出现在大众传媒上,成为现代公民的常识,当是数学教育的一个重大进步。

中学数学可分为线性数学和非线性数学。线性方程、线性函数、线性规划、向量和矩阵、立体几何的点线面关系都是线性的。二次方程、二次函数、指数方程、指数函数、对数方程、对数函数,以及三角函数等初等函数则是非线性的。

从现代数学的发展来看,线性数学已经基本成熟,非线性数学是当今数学发展的重点,混沌、分形、小波等都是非线性数学的成就。线性代数是大学数学中最重要的基础课。然而,我国中学数学教育里,线性数学的观念并不强。"线性"两字往往代之为"一次"。例如"一次方程"和"一次函数"。查查它们的英文来源,则明明是"线性方程(linear equation)"和"线性函数(linear function)"。

线性与非线性的提法,事关数学常识,用向量处理立体几何,使得线性数学的观念更加深入人心。矩阵进入中学数学,则是早晚的事。

数学的常识的更新与进步正在无声地进行着。

(2007 年第 1 期)

忽然想起了麻将

这一期恰逢春节,又是万象更新的时候。大家在忙碌之余,正趁春节享受一下休闲生活。环顾四周,在娱乐类活动中,麻将也是最具群众性的活动之一。最近,《自然辩证法通讯》编辑部的马惠娣女士告诉我,大学问家于光远先生担任"国际麻将组织主席",在"中华麻将论坛"提倡"健康、科学、友好的麻将文化"。中央党校的龚育之先生,前国家体委李梦华主任也同声附和,欣然题字。马女士认为"麻将是智慧的花朵"①。麻将是中国的文化创造,以麻将赌博乃是它的异化。于是联想到数学。近年来,概率统计大踏步进入中小学数学课程。为了研究具备等可能性的随机事件,抛硬币、掷骰子是最常用的情景,甚至扑克牌也进入了中学数学教科书。然而,却没有见到麻将。

可能有人认为,麻将是赌博游戏,成人玩玩可以,但青少年不宜。事实上,麻将同扑克、电脑游戏一样,虽然有人用于赌博,但其本身都是休闲并益智的活动,其中包含着丰富的随机问题,可以作为学习概率论、博弈论,掌握随机规律的载体。

正面阐述麻将文化,提示麻将与数学的联系,也是有意义之举。不知是否有数学老师愿意一试?

(2007 年第 2 期)

---

① 于光远,马惠娣. 休闲·游戏·麻将. 北京:文化艺术出版社,2006.

又想起了"大众数学"

春节一过,大地复苏,忙碌的季节就要到来。数学老师摩拳擦掌,又要准备应付即将来临的中考和高考了。近来听某中学校长介绍经验时说,提高升学率就是符合广大人民的根本利益。听了以后不免愕然。全国的高校招生总数是国家确定的,清华、北大的招生数也是固定的。有的学校提高升学率,就意味着有的学校降低升学率,对全国人民来说,并没有增加什么"根本利益"。对数学教育来说,提高全国人民的数学素养,才符合广大人民的根本利益。

近来,"百家讲坛"越办越红火。历史学、国学等人文学科既有学术味很浓的专题报告,也有"品三国"、"论语心得"这样雅俗共赏的节目。栏目宗旨的两句话很精彩:建构时代常识,享受智慧人生。想想数学教育,难道不也应该为青少年建构符合时代需求的数学常识,享受充满数学智慧的精彩人生吗?

数学也许不能像人文学科那样深入人生的感情世界,但是,让一个孩子付出学习12年数学的代价,总得给他一些适合时代需要的常识和方法,享受数学智慧给人生带来的精彩。这样的目标不是难题、高分、比赛、获奖、升学所能概括的。毕竟在限时的笔试中,只能检视一部分的智慧。数学的价值和精彩更多地在考试之外。

数学文化已经列入了数学课程标准。但是许多教师觉得这对"升学无用",往往冷落对之。其实,我们如果能像百家讲坛的主讲人那样,把抽象的数学讲得更加平易近人、引人入胜,相信一定能提高学生的学习兴趣,乃至学习成绩。老师的数学文化品位也会长期地留在学生心目中。

为升学而重视数学者固然可从数学教育中得益,但数学教育的宗旨更应该是让每一个孩子都喜欢数学,使一般大众都懂得数学,并觉得数学可亲,乐于欣赏数学。

(2007年第3期)

数学文化就是要"文而化之"

近来,于丹的《论语心得》大火特火。十博士联名发起攻击,措辞激烈,不过大多数群众还是喜欢于丹的工作。这使我们联想到数学。数学如同国学,也有其象牙塔部分,学术性很强,外人很难弄懂。即便是中小学校里的数学,也不大招人喜欢。我们的数学教育为什么非要板着面孔讲数学呢? 近来提倡数学文化的教学,能否也能够"大众化"一些,使得一部分的数学,也如"心灵鸡汤"那样的可口呢?

所谓文化,按照于丹的说法,"文化是一个流动、生长的形态,重要的是'文而化之',进入人的内心世界"(2007 年 3 月 19 日《文汇报》第四版)。数学文化何尝不是如此? 数学是人创造的,必然打上社会的烙印。数学是人们观察世界的一种立场、观点和方法,具有很强的人文特征。在形式化了的数学背后,有生动活泼的思维过程,朴素无华的思想方法,乃至引人深思的人生故事。

教育形态的"大众数学",应该区别于具有学术形态的"形式化数学"。数学教学"既要讲推理,更要讲道理"。这些道理中包括数学文化底蕴。举一个例子。平面几何课程里有"对顶角相等",这是一眼就可看出其正确性的命题。教学的目的,主要不是为了掌握这一事实本身。关键在于:为什么古希腊人要证明这样显然正确的命题? 为什么中国古代算学没有"对顶角相等"的定理? 理性思维的价值在哪里? 如能联系古希腊的奴隶主"民主政治"加以剖析,则有更深刻的文化韵味。反之,如果依样画葫芦,只是"因为、所以"地在黑板上把教材上的证明重抄一遍,那就是"文而不化",没有文化味了。

学学于丹,让我们把数学也"文而化之",使之进入人们的内心世界。让孩子们喜欢数学、亲近数学、欣赏数学。

(2007 年第 4 期)

需要研究一下什么是"数学基本活动经验"

去年 12 月在澳门听东北师范大学校长史宁中教授演讲,其中提到要把数学教学中的"双基"发展为"四基",即除了"数学基本知识"和"数学基本技能"之外,加上"数学基本思想",以及"数学基本活动经验"。这是一个很有意义的建议。

新增加的"数学基本思想"我们已经提倡多年,现已成为中国数学教育的特色之一。那么,什么是"数学基本活动经验"呢?如何加以界定?似乎还需要做一个基础性的研究。

数学经验大致可以分为:日常生活中的数学经验,社会科学文化情境中的数学经验,以及从事纯粹数学活动累积的数学经验。

记得已故著名数学教育家余元希先生说过,可以直接应用于日常生活的数学,不过是"扩大了的算术"。至于中学的其他数学修养,都是为了适应现代社会的文化环境、科学精神、思维训练等所必须具备的文化素养。但是,数学基本活动是否还包括"模式直观"、"解题经历"、"数学想象力"、"数学美学欣赏"等能力,值得探讨。

此外,一个突出的问题是,"前三基"都是客观的数学问题,可以定出一般的要求。但是数学活动经验则是因人而异,涉及个人的感受、感悟数学的水平。如何制定人人适合的基本要求,似乎也需探讨。

总之,一个新的课题放在我们面前,不妨下点力气加以研究。

(2007 年第 5 期)

用自己的眼睛看课堂

近读作家周国平谈摄影艺术的文章,内中提到:"每个人都睁着眼睛,但不等于每个人都在看世界。许多人几乎不用自己的眼睛看,他们只听别人说,他们看到的世界永远是别人说的样子。人们在人云亦云中视而不见,世界就成了一个雷同的模式。一个人真正用自己的眼睛看,就会看见那些不能用模式概括的东西,看见一个与众不同的世界。"(见 2007 年 5 月 3 日《文汇报》笔会专栏)

在本刊收到的许多来稿中,都涉及数学教学的课堂观察。很遗憾,一些所谓的"点评"和反思,似乎都睁着眼睛,但只是重复别人的话、某文件的话、某权威的话或者流行的套话。那些所谓的课堂观察"永远是别人说的样子",课堂成了一个雷同的模式。例如合作学习,似乎总是好的,似乎合作必定成功。我们应该用自己的眼睛看,得出数学课堂合作学习的一些特有规律来。数学不同于其他学科,需要进行逻辑化、符号化、数量化,其过程必定经历独立的、个性化的思考。因此在"合作"之前必须先"独立"。我们应该用自己的眼睛看合作学习,研究怎样合作才有效?怎样合作则无效?但没有人研究过。只是听人说,把别人说过的话当作绝对真理。真的,如果数学教育工作者只会按"别人说的那个样子"看课堂,任凭"去数学化"的倾向泛滥,数学教育无异于自杀。数学教育学的任务是在一般教育学的指导下,用自己的眼睛看,看到数学教育特有的那一片天。

(2007 年第 6 期)

要讲课，还要读书

最近出席了一个名师培训基地总结大会，学校大楼挂出了一副大幅对联：

"骨干在磨练反思中成长，

名师从课堂教学中走来。"

对联道出了教师专业的实践性。实践出真知，教学实践出名师，这很好。如果这副对联加上一个横批："还要读书"，那就更完备了。因为实践需要知识的支撑和理论的指导。

现在的数学教师培训，除了听教育理念方面的报告，就是上公开课。至于数学水平的提高，人文修养的积累，似乎已经淡出视野。事实上，要成为名师，恐怕还得学习、读书，包括数学的、科学的、人文的。没有人文知识的积累，科学修养的支撑，数学理论的指导，最高的发展不过是教书匠而已。谓予不信，可到课堂上去看看，许多数学课的弊病，恰恰在于数学知识的贫乏，站不高，看不深。

信息时代有知识爆炸一说，中小学数学内容也在更新。概率统计、算法、向量、矩阵、分形，都在向我们走来，不多读点数学书，跟都跟不上，何谈名师？仅靠教学理念和课堂模式的变更就能成为名师，就能培养出高水平的学生，乃是神话。中学数学教育界那些世人公认的名师，哪个不是数学底蕴深厚、科学知识广博的读书人？

近读余秋雨的博客，说到少年时到图书馆看书的情景："就是为了这几页，一个十三至十四岁的男孩子，每天忍着饥饿走一个多小时，看完再走一个多小时回家。完全没有为了考试，为了成名成家的目的。一步步，纯粹为了书。这个情景，现在想来，还是自己为自己感动。"

认真读点书，将实践的感性认识上升为理性认识，恐怕不是多余的话。

（2008 年第 1 期）

（本文与华东师范大学袁震东教授合作）

"量的目的是为了不量"

本刊 2008 年第 1 期有陈永明的文章,题为"不要为亮点而亮点"。文章说有一节"圆周长"的课,只是要学生量"圆的直径和周长",却没有关注"圆周长公式 $C = 2\pi r$" 的产生。作者认为不值得去追求那种表面热闹的"亮点"。文中有一句话:"量的目的是为了不量",非常精辟,值得仔细琢磨。

数学课堂教学的目的是帮助学生掌握数学的本质。但是,许多时髦的公开课,单纯追求学生动手操作,分组得到结果,各组分别报告,只为显示课堂里热闹非凡。这种"学生动手量、折纸、操作"等等活动,确实是新的教育理念所提倡的,但是其目的必须有助于数学学习。为"量"而量,就背离了数学教育的基本目标。

那么为什么要量呢?在数学教育的许多场合,"量是为了不量"。这是由数学的抽象性所决定的。例如,我们可以组织学生度量三角形的内角和,可以量出 180°附近的各种不同结果,但最后我们需要知道,量是不准确的。必须由平行公理严格地推出结论,即最终是为了不量。同样,圆周长也可以量,但最后必须强调说明,π 是一个常数,不可能用量的方法得到 π 的精确值,即动手量是不准确的。如果没有后面的那些说明,笼统地"量",就没有数学味道了,甚至会成为数学误导。

问题还有另一方面:"不量是为了更好地量"。用逻辑演绎方法推论得到的结果,固然不能量出来。但是,这些"不能量"的结果,最后却用来更好地度量。三角形内角和是 180 度,π 是无理数等等结果,构成了宏伟的数学大厦。于是我们用数学度量嫦娥绕月工程的轨道,度量人口增加的速率,度量国土的面积等等。用数学为各种实际事物提供数学模型,进行更精确的度量。

"量与不量",辩证地依存着。

(2008 年第 3 期)

作者要和读者平等相待

近来读书看稿,发现有些作者下笔的时候,并不把读者放在平等的位置上,而是居高临下,盛气凌人。立意上不是科学论证,以理服人,而是一上来先将以往的教学传统批判一通,然后以不容质疑的口气申明自己的"正确"主张,最后的结论是要读者"转变观念"。

例如,来稿中常常看到这样的语句:

建构主义认为,学生的头脑不是空桶,知识是不能灌输的。传统的以教师为中心的教学观念,必须摒弃,由学生自主地、主动地建构……

读了以后觉得很不舒服。难道:建构主义是绝对真理吗?谁说过"学生的头脑是空桶"?谁说过教学应该"满堂灌",为什么把启发式讲授当作"教师中心"一棍子打死?要第一线工作的广大教师提高认识,必须要讲道理,摆事实,以理服人。

这不免联想到:如果农夫终年劳作,年复一年打下粮食供人食用。后来专家来了,在田头上颐指气使地否定农夫的耕作传统,要求农夫彻底转变观念,按照专家们的方法耕作。农学家也许确实有好的耕作方法,能够增产。但在态度上却必须谦和,能够和农夫平等相待,真诚为他们服务。工作方法上,必须切合实际,既保持优良传统,又扬弃不合理的成分,使得农夫真心接受新方法,才能达到增产的目的。中国基础教育的基本面是好的。改革不能否定一切。专家提倡先进教育理念,要多讲道理,少扣帽子,起码不要摆起架子训人。

为人民服务,为读者服务,这是我们写稿作文的宗旨。

(2008 年第 5 期)

数学理解与科学练习

数学要做练习,举世公认。"精讲多练"曾经是一个时期数学教师推崇的教学策略。不过现在有了很大变化,一方面好像是因为提倡建构主义教育的缘故,近来的教育改革理念中很少谈"练习",而大力强调主动建构,自主探究,而忽视了练习和巩固环节。另一方面,为了应试的需要,主张"练"就是一切,要练到"一看就会,一做就对"才能拿高分。

"温故而知新",一切创造都以"苦练基本功"为基础。我们主张为理解而练,为发展而练,提倡科学地练,反对傻练,死练。

关于练习,请看一些大师们的话:

华罗庚说,读书先要"由薄到厚",练习、笔记一大堆,越读越厚。然后,咀嚼、消化、理解,融会贯通了,就会"由厚到薄"。

陈省身说,做数学,要做得很熟练,要多做,要反复地做,做很长时间,你明白其中的奥妙,你就可以创新了。"学而时习之",就是要"熟能生巧",要反复地做,长时间地做,这样才能创新(南开大学组合数学中心网站)。

杨振宁在清华大学讲授物理学的基础课,要求学生"对于基本概念的理解要变为直觉"(2004 年 9 月 17 日《文汇报》)。

故宫文博大师朱家溍说:"学了就要练,时时练,天天练。学了不练,等于不学。"(中华读书报 2008 年 3 月 12 日第 7 版)

这些创新大师为什么都主张练? 他们的目的是为了把书读"薄",熟是为了"生巧",温故是为了"知新",练习是为了形成理解的直觉。总之,要理直气壮地谈练,但是永远不要忘了练的目标:为了理解,为了创新。

为应试当然也不得不练,但是如果考过之后,面对数学题"一看就烦,一做就忘",那就纯粹是"傻练"、"死练"。

(2008 年第 6 期)

青霉素、芥菜卤、双基

2008 年 5 月 1 日《文汇报》有楼绍来的文章"牛胆、芥菜与青霉素"。其中提到,今天临床上常用的青霉素,开始时称为"盘尼西林"。在近代医药史上,这种特效药是 1928 年 11 月由亚历山大·弗莱明(Alexander Fleming)爵士发明的。

文中又说,明代,在常州天宁寺。寺院里埋着许多极大的缸,缸中放着芥菜,先是日晒夜露,使芥菜霉变,当芥菜霉变越来越严重,长出绿色的毛(即"青霉"),长达三四寸时僧人即将缸密封,埋入泥土,要等到十年之后方才开缸。这时缸内的芥菜,已完全化成为水,长长霉毛也不见了,称为"陈年芥菜卤"。专治高热病症,如小儿"肺风痰喘",即现代所谓的"肺炎";大人的肺病,吐血吐脓,即肺痨病、脓胸症及化脓性呼吸系统疾病,效果非常好。其实这就是中国早期发明的青霉素。

作者最后感叹道:中国许多了不起的发明就这样自生自灭了。今天的我们当然不能再退回到那种隔绝的状态;而今天的世界也应珍惜不同文化的古老宝藏(包括中医药的宝藏),以从中发掘出更多久违的珍宝。

中国的"数学双基教学"很有些像"芥菜卤"。明明有效,却不受教育界的重视。当今的"探究、发现、贴近生活、合作学习、数感、符号感……",来自海外,洋为中用,当然是对的。问题是,自己的优良传统是否就如敝屣,丢掉算数?

最近,美国布什总统任命的"数学咨询委员会"公布了一份报告。标题是"Foundations for Success",译过来当是"为了成功的基础"。这就是说,美国数学教学也在重视"基础"了。是否等美国学者提出"打好数学基础才能获得成功"的理论,即数学教学中的"青霉素"随之出现,我们又再一次成为"芥菜卤"?

(2008 年第 7 期)

"鸟巢"与"四基"

奥运会的"鸟巢"体育馆,是不是中国传统? 正如问巴黎的埃菲尔铁塔是不是法国传统一样。传统是在创造中发展的,"鸟巢"是中国建筑传统的发展。只有改革开放的今天,中国人才有气魄追求这样的发展。"鸟巢"是国外建筑师为主与中国设计师共同设计的,大胆创新,包括融入若干中国元素,体现了中外文化的融合。"鸟巢"为中国所用,体现了中国人在 21 世纪的审美追求,自然成了中国传统的一部分。

数学教育也是如此,"数学双基教学"曾是我国的优良传统,我们不能否定"双基",而是要发展它。现在我们提出了"四基":基本知识、基本技能、基本活动经验和基本思想方法。这样就发展了数学教学的"双基"传统,也体现了中西数学教育理念的融合。

接受一种新的审美观念还是比较容易的,当年西洋绘画、西洋音乐传入中国,虽然都经历过短暂的议论,后来大家看着顺眼、舒服,直至欣赏,很快就接受了。"鸟巢"、国家大剧院等,也将提升、发展中国的建筑美学,影响中国人的审美时尚。

但是,教育上的融合会比较困难些,需要很扎实的理论和实践基础,"四基"的提出,无疑是进步。可是,我们的理论研究和实践经验需要跟上,扎扎实实一步一个脚印地做,才能像"鸟巢"一样耸立在人们眼前,成为中国数学教育优良传统的一部分。

(2008 年第 11 期)

应试环境中的自由意志

翻译家傅惟慈先生的一本自传性的新作,题为"牌戏人生"。此书名来源于印度尼赫鲁的一段话:"人生如牌戏,发给你的牌代表决定论,你如何玩手中的牌却是自由意志。"意思是,一个人的天资、门第、出生地——往大处说,国籍和肤色,以至出生时代,都如一张张发到手中的牌,个人并无选择余地,但在拿到这一手或好或坏的牌后,怎么个玩法,每个人却都有一定程度的自由。

当前,我们处在"应试教育"的环境下,高考制度改革步履维艰。于是教育功利盛行,升学率关联你的收入,直接影响家庭日常生活。这样的环境正如发到你手里的牌,无法选择,只能面对。值得我们思考的是另一面:发给我们的这副牌如何打? 那是我们教师的个人自由。

你可以是应试教育的狂热追随者,也可以是应试教育的被动执行者,也可以是应试教育不出声的批评者。许多老师清醒地看到应试教育的弊病,尽自己的能力,把应试教育的负面影响降到最低,人生能够获得的,也许就是这样的自由。

(2008 年第 12 期)

自主招生考试破除"命题八股化"

近来沪上的一个教育热点是"高校自主招生渐行渐近"。以后上海高中生想进清华、北大、复旦、交大等名校,"自主招生"将是主渠道之一。名校自主招生的考试有笔试、口试,考核方式多样,题目新颖活泼,并非应试教育的那些招数可以奏效。在"应试沙尘暴"刮得天昏地暗的时候,看到一缕阳光,很是高兴。高考改革,最容易入手的是破除命题方式的"八股化"。我们以知识点、覆盖率、题型稳定、答案标准为命题要求,强调公平性、客观性、全面性,有一定的科学价值。但是它的致命缺点就是"八股化"。年年稳定的题型和模式,僵化了,没有新意了,让熟练背诵、快速反应者占便宜,"创新"被逼得几无立锥之地。

《文汇报》2009 年 1 月 5 日报道:北大的自主招生语文考题中有这样的题目:

以"度日如年:日子过得很好,每天都像在过年"为例,写两个成语,并且要曲解它的意思。

"曲解"也可以入高考题? 前所未见。四平八稳的统一高考试卷中,大概会觉得这是"偏题、怪题"。其实这也是一种创造和突破。记得以前有"考题要基于大纲,但不拘泥于大纲"的说法。上述考题是高中生应该懂得的内容,却不拘泥于历来考题,跳出了"应试教育"的包围圈,好得很。

模仿语文试题,数学卷也可以有这样的题目:

"某同学认为 $(a+b)^2 = a^2 + b^2$,理由是看上去和谐"。请举出两个类似的等式,也是看上去具有和谐美,实际上却是错误的(参考答案:$\cos(a+b) = \cos a + \cos b$;$\ln(ab) = \ln a \cdot \ln b$)。

实际上,当考题不拘一格地多样化、百花齐放的时候,那些大搞傻练、死练者就会觉得得不偿失。考试管理不宜老是在"公平"、"客观"上说事,也应在命题方式上下点功夫。

(2009 年第 2 期)

教育也需要实现"走向世界"的知识转型

复旦大学新成立了"社会科学高等研究院",院长邓正来发表演讲(刊于 2008 年 12 月 27 日的《文汇报》),其中第三段的标题是:实现"走向世界"的知识转型。文中指出:"中国社会科学必须从此前的'引进'、'复制'、'与国际接轨'的阶段,迈向'走向世界'、'与世界进行实质性的思想对话和学术交流'的新阶段",认为必须从因为"西方化倾向"所导致的"中国之缺位"中解放出来。

教育是社会科学的一部分。中国的数学教育正在努力"走向世界"。2004 年在新加坡出版的英文著作 *How Chinese Learn Mathematics*(中文版《华人如何学习数学》2005 年由江苏教育出版社出版)是一个例子。

优质的数学教育应该是"坚实基础+发展创新"。我们在从西方引进"自主、探究、合作"的数学教育方式的同时,可以向世界提供某些中国特色的数学教育理论与实践。美国总统委任的关于数学教育的委员会提出的报告是《为了成功的基础(Foundations for Success)》。如果人家问我们:中小学生打好数学基础是为了什么?怎样才能打好数学基础?我们将如何应答?事实上,中国数学教育在如何打好基础上应该有话可说。

中国数学教育研究和中国的社会科学一样,同样应该实现"知识转型",力求与世界进行实质性的对话与交流,以弥补"中国之缺位"。本刊当尽力为之,也冀望本刊的作者和读者能够响应并作出贡献。

(2009 年第 4 期)

"非哈佛之人不是人"的流毒

《文汇报》2009 年 12 月 19 日,《笔会》新开《世说新语》栏目,摘引了林语堂先生写于 1933 年 4 月《语言学论丛》前言中的话。林先生对自己的 1923—1924 年的旧作有如下之评论:

这些论文,有几篇是民国十二三年初回国时所作,脱离不了哈佛架子,俗气十足,文也不好,看了十分讨厌。其时文调每每太高,这是一切留学生刚回国时之通病。后来受《语丝》诸子的影响,才渐渐知书识礼,受了教育,脱离哈佛腐儒的俗气。所以现在看见哈佛留学生,专家架子十足,开口评人短长,以为非哈佛藏书楼之书不是书,非读过哈佛之人不是人,知有世俗之俗,而不知有读书人之俗,也只莞尔而笑,笑我从前像他。这几篇中能删改的字句,已被我删改了。

读到"非哈佛藏书楼之书不是书,非读过哈佛之人不是人"一句,联想到如今教育界也有此风,有些人自己并没有脚踏实地做多少实事,还没有了解教育改革的困难在哪里,却每每用太高的论调,评说这个不对,那个不是,"莞笑"之余,不免沉重起来。

(2009 年第 5 期)

"举一反三"和"举三反一"

日前特级教师周继光来访,谈及我国的数学双基教学。周老师说,南洋模范中学的赵宪初先生曾经提出,中学数学教学需要"举三反一",甚至有时需要"举十反一","能够'举三反一',孺子可教也"。(见《赵宪初教育文集》,上海教育出版社,1991年)

赵先生是沪上著名数学教育前辈。他的学生中就有当年考入北京大学数学系,后来成为"当代毕升"的王选院士和中国数学会前任理事长张恭庆院士,这些数学和计算机科学的大学者,也是从"举三反一"中过来的。

学习者若能举一而反三、问一而知十,这必定是其熟悉内在道理并能融会贯通的结果。然而"举一反三"是建筑在"举三反一"之上的,只有经过深入的三番考察、十方探究,总结得一种客观规律(即"举三反一"),才能在应用该规律时做到"举一反三"。中小学教育是打基础的,打基础阶段"举三反一"有着更重要的作用。当然打基础总是为了求发展,因此将"举一反三"和"举三反一"结合起来,使两者相辅相成,应是我们的着力所在。

赵先生已经故去多年,可是他提出"举三反一"的数学教育思考仍然给我们有益的启迪。

(2009年第6期)

合理把握"过程性"目标

我们常说"不仅要知其然,而且要知其所以然"。这话是对的,但把握起来也要有个度的问题。对于每一个人,要知道一切事物的"所以然",是不可能也是不必要的。即使是获得诺贝尔奖的专家,也只能在他从事的专业里知道"所以然"。普通老百姓打手机、看电视、拍照片;遵守交通规则、国家法律等,往往也是只知道怎么用,并不知其中的原理和过程。

作为基础教育,我们要求未来公民在一些基础知识范围内,知道一些基本过程,这对培养未来公民的基本素质是极其重要的,因此 21 世纪课改以来,提倡"知识"、"过程"和"情感与态度"的"三维"目标,这比先前单纯以学习知识为目标的教学而言是一个进步。不过任何事情不能绝对化,在课堂教学中,"知识"是本位的,而"过程"要展示到何种程度,则需要根据情况具体分析,不能一概而论。

一些约定性的知识,例如名词来历,符号规定,表述习惯等,那是约定俗成的,多半不需要展示过程。

一些技能性的运算规则,可以展示其形成过程的合理性,但是不必长期记得其过程。例如两个分数相除的"颠倒相乘",两个负数相乘的"负负得正",对大多数人只需记得运算规则,而不必记住该规则的形成过程。

一些结论重要但过程缺乏普遍性价值的知识,例如两角和的余弦公式,要分成锐角、钝角、任意角的情形加以证明,而这类证明缺乏普遍的教育价值。因此,尽管公式本身非常重要,而对公式的形成过程不必有很高的要求,经历一下也就可以了。

对于重要的数学思想方法的运用过程,例如几何命题的演绎证明,代数方程求解过程,函数概念的发生过程,就必须反复、重点展示其过程。

总之,做任何事情都不要绝对化,每堂课都要讲过程、掌握过程、体验过程,其实是不必要也办不到的。

(2009 年第 7 期)

认识论不同于教学论

近来读了不少教育论文,往往把教学论等同于认识论。例如建构主义本来是一种认知心理学,属于认识论范畴。认识论是讨论人如何认识客观世界,怎么认识深刻就怎么做,至于要花多少时间是不管的。读书、听讲、探究、发现、活动、实践、讨论等等都是获得真知的手段,这当然是对的。可是把建构主义的认识论等同于教学论就有失偏颇。教学过程是一种特殊的认识过程,在这过程中要遵循认识规律,要讲究认识效率。基础教育要把人类几千年积累的知识让学生在9—12年内基本掌握。如果仅仅用探究、发现、展示的手段,哪有那么多的教学时间? 所以前人在提倡"实践论"的同时,还提醒说"人不能事事都直接经验,大量的是间接经验"。

现在的问题是,人的间接经验怎样获得? 实践表明,教师的启发式讲授是使得学生获得间接经验的有效方法,"教师示范——学生模仿——反复练习"的教学模式也可以使得学生掌握间接经验,开会听报告、收看电视节目、参加各种培训班也是获得间接经验的有效途径。

毫无疑问,学生的学习主动性很重要,通过探究发现式学习,让学生获得直接经验的做法需要提倡,但是考虑到学生的时间和精力有限,只能适度为之。在基础教育中,通过教师传授间接经验是学生获取知识的主要渠道,也是教师的魅力所在。

(2009 年第 8 期)

一个新课题：数学思想方法的教学

数学思想方法，坊间出版物汗牛充栋，无计其数。可是在课堂上如何进行数学思想方法的教学呢？文章也有一些，都只涉及操作、领悟、渗透之类的说辞，比较空泛。真正切入课堂教学实际的文字还是不多。

最近，看到有关"对顶角相等"内容的教学设计，作者不断地让学生"量一量"、"转一转"、"叠一叠"，生怕学生不相信这个结论。实际上，对顶角相等，一看便知，无人怀疑。学生凭直觉就可以做出判断。因此"对顶角相等"的知识，不是这节课的重点。

中国古代数学中并没有"对顶角相等"的命题，可是它的结论却被广泛应用，长城也修起来了，故宫也造起来了。

关键是要问："这样浅显的知识，要不要证明？"古希腊的数学家与中国古代数学家不同，认为需要证明：从公理"等量减等量，其差相等"出发进行推论。

用"演绎推理"的思想方法教学，才是本课的重点。浓墨重彩地讲数学思想方法，这是一例。

（2009 年第 9 期）

数学教育:文化复兴的一部分

近来读两则新闻,感慨良多。

《凤凰周刊》2006年第16期的一篇文章说,英国前首相撒切尔夫人针对"中国威胁论"曾经说过这样一句话:中国不会成为超级大国,因为中国没有那种可以用来推进自己的权力、从而削弱我们西方国家的具有国际传染性的学说。今天中国出口的是电视机而不是思想观念。

曾任国务院新闻办公室主任的赵启正也说过:"作为一个拥有5000多年文明史的文化发源地,只出口电视机,不出口电视机播放的内容,也就是不出口中国的思想观念,就成了一个硬件加工厂。文化不是化石,化石可以凭借其古老而价值不衰。文化是活的生命,只有发展才有持久的生命力,只有传播才有影响力。民族的振兴,始于文化的复兴。只有在世界文化中占有一定的份额,才能成为文化强国。"

教育是文化的一部分,数学教育当然也是。多少年来,教育理论大量输入,一方面,把国际教育超市中的货品当做灵丹妙药来推销。另一方面,把自己的教育传统说得一钱不值。这样,还谈什么"出口中国教育思想"? 数学教育也多少沾染了这股习气。不过,也许情况要稍好些。至少,我们有:

- 在IAEP国际测试中,中国大陆以80分的正确率,在21个国家中名列第一位。
- 马立平博士的畅销书表明:中国小学数学老师的数学水平,高于美国同行。
- 一本英文的著作《华人如何学习数学》于2004年在新加坡出版。
- 不久前,美国总统任命的一个数学教育委员会的报告,标题是"为了成功的基础",符合中国"数学双基教学"的理念。说明中美数学教育可以互补。

任重而道远。为了"文化复兴",数学教育还可做得更好些。

(2009年第10期)

关注美国加强研究中国数学教育

近年来,美国和欧洲一些国家在关注中国的数学教育。

- 2005 年秋,芝加哥大学数学课程研究中心(CSMC)曾全资邀请华东师大的李俊和中央民族大学的孙晓天参加 CSMC 第一届数学课程国际会议,并担任特邀报告人。
- 2009 年夏,美国科学院(The National Academies)和美国国家数学教育委员会(United States National Commission on Mathematics Instruction)在美国南加州纽波特海滩(Newport Beach)举行了一次中美数学教师发展体系研讨会。上海、北京、苏州共 9 人参加。
- 2009 年秋,西班牙国家科研委员会全资邀请李士锜教授,参加一个题为"分享亚洲教育经验"的数学教育国际研讨会,作专题报告。
- 2009 年 11 月,美国《时代》杂志发表文章,在论述美国应该向中国学习的 5 件事情中,特别提到教育,包括数学教育。

这张清单表明,中国单方面地从西方国家引进数学教育理念的情况,正在向双方平等交流的方向前进。

值得思考的问题是,在国外关注中国数学教育的时候,我们如何认识自己?如何向国外介绍自己?我们对自己的数学教育特色研究清楚了没有?

马克思主义和中国革命实践相结合,取得了中国革命的胜利。国外先进的数学教育理念和中国数学教育实践相结合,才会有中国数学教育理论的诞生。今年刚刚出版的《数学学习的心理基础与过程》(鲍建生、周超著,上海教育出版社)是消化国外数学教育理论、使之民族化的有意义的一步。我们期待着中西数学教育理论的对接与融合。

(2010 年第 1 期)

玻璃对喝水有何用？

那日看复旦大学的钱文忠教授在讲"国学"的用处。他说："玻璃对喝水本来没有直接的关系。可是把玻璃做成凹形，形成一个空间，可以用来盛水，于是就对喝水有帮助了。"（大意）这使我们联想起数学的用处，华罗庚说过"宇宙之大，粒子之微，火箭之速，化工之巧，地球之变，生物之谜，日用之繁等各个方面，无处不有数学的重要贡献"，这是数学直接之用。数学之为用，还有间接的一面，就是培养理性精神。"对顶角相等"这样直观的问题，还要不要证明？按照崇尚"直观"的学者来说，这根本无需证明，看一看，折一折，拼一拼就得了。可是古希腊人认为要证明，要从"等量减等量，其差相等"的公理中推出来。如果课堂上，教师的解剖使得学生恍然大悟，佩服古希腊的理性精神之伟大，使得心灵为之震撼，那么这也是数学的应用。

某些数学理性精神对人的成长的价值，恰如玻璃对于喝水，看上去没有直接用处，一旦融入学习者的精神，应用就在其中了。

（2010 年第 5 期）

有感于"百家讲坛"开讲《弟子规》

7月以来，中央电视台10频道的"百家讲坛"栏目，由钱文忠主讲《弟子规》，感慨良多。所谓弟子规，就是做学生应当遵守的规矩。俗话说"无规矩不成方圆"。中小学教育必须让未来的公民懂得做人处事的规矩，这是天经地义的事。

基础教育的目标是打基础，本无疑问。可是眼下的情形是一切都讲创新，无视基础。有种说法是，中国本土没有出现诺贝尔科学奖得主的原因是基础教育不创新。可是反问一句：许多科学大师，包括获诺贝尔奖的华人科学家，早年在大陆接受中小学教育，难道那时的教育比现在还新？事实上，他们所接受的也是打基础的教育。钱学森说过："我在北京师大附中学习几何学，使我懂得了什么是严谨科学。"

"创新"需要好的基础，这是朴素的道理。规定青少年接受9年或12年的教育，是要让他们懂得做人的规矩，掌握做事的知识，获取基本的在社会上立足前进的能力。即便是因材施教，让一些智优生能够站到"巨人"的肩膀上，能够在未来攀登科学高峰，仍然要养成一般规矩的习惯，掌握科学的基础知识。

那么，今天学生的数学基础是否牢靠？大学数学系老师常常诧异某些高考高分考进来的学生没有严谨规范的数学素养，数学的表述缺乏严谨的规范。而高考的评分方法则是替学生"往好的方向"去揣摩，尽量给高分，如此这般地纵容，使许多学生在试卷上"尽量多写一点，多写可能多得分"，数学的逻辑、严谨、简练等基本要求全然不顾。如此基础，何谈创新？基础教育还是要讲打基础，学规矩。

(2010年第8期)

足球赛为何不以"技术统计数据"决定胜负？

足球南非世界杯赛事期间，每场比赛总是看到一张技术统计表，列出两队的控球时间数、角球数、射门数、定位球数、黄牌数等等。这张表把比赛过程"定量化"了，看上去非常客观、全面。于是想到，以技术统计数据作为判定两队胜负的依据如何？这当然是不行的。人们要看的是球员的"机会把握"能力、临门一脚的扎实功夫、技艺超群的个人魅力、团队的默契配合，还有运气。进球才是硬道理，再好的技术统计在"进球"面前显得苍白无力。

这不禁使人联想到高考。一个人的才华以及事业上成功，固然和高考成绩有一定的关系，但是决定性的因素是个人综合能力，人生道路上把握机会的能力，即临门一脚的能力，当然还需要一些运气。

这就是说，高考成绩只不过是人生博弈中的一项技术统计数据。可以参考，但是不能以此对其人生作最后的判断。"高考状元"无非证明其一项"技术统计"成绩不错而已。所谓"高分低能"者，就相当于一支控球时间超过 50％，却输掉了比赛的球队。

我们要看高考成绩，但不可迷信高考成绩，别以为"定量化"的统计数据就等于"科学结论"，那是迷信。由此想开去，人们对于"定量化"统计数据的迷信，又何止高考？

（2010 年第 9 期）

创新并非要处处"优先"

教育的目的是要受教育者学会"做人、做事、做学问"。

做学问,当然是创新为上,我们的任务就是要为创新打好基础。至于"做事",则是创新与打基础并重,首先是要遵纪守法,遵守规章制度,同时在自己的业务范围内积累经验,争取创新。

最后要谈到教育学生如何"做人"。学习做人,主要不是去创新,而是要学习前贤的优秀德行,追求高风亮节。起码要懂得"八荣八耻",进而做到"威武不能屈,富贵不能淫,贫贱不能移"。为人处世,必须做到"身正行笃,诚信为本,以礼待人,以理服人"。这些都不必以创新为引导,而是要扎扎实实地领会与遵守。

当然,如何学习"做人",并不能说教,需要让学生体验感悟,耳濡目染,润心无声。这里有一个主动学习、进行创新性修养的过程。但是,无论如何,创新在德育教育中并不能处于"优先"地位,这和"做学问"时强调创新优先是不一样的。

(2010 年第 11 期)

文 **6-48**

不要捧着金饭碗讨饭

近几年来，我们常把国外的教育理论视作先进，而把我们自己的教育理念淡忘了。

不久前，读到台湾数学教育名家林福来教授的文章，他引用一位教育界同行的话说，我们在教育上不要再捧着金饭碗讨饭了。如果读一读《学记》和孔夫子的教育思想，真的会有此感慨。

例如，《礼记 学记》中说："故君子之教喻也。道而弗牵，强而弗抑，开而弗达，道而弗牵则和，强而弗抑则易，开而弗达则思，和易以思，可谓善喻也。"意思是说要引导学生而不要牵着学生走，要严格要求学生而不要压抑他们，宜启发学生进入学习的门径，而不是代替学生作出结论，如此使师生关系融洽、学生兴趣盎然，激发学生主动学习。又如韩愈把教师的作用阐述为"传道、授业、解惑"。这些论述与当今所谓的先进教育思想相比，真是毫不逊色，金饭碗当之无愧。

我国的现代数学教育，从辛亥革命算起，已经一百年了。100 年来，我们积累了很多好经验。例如，钱学森在北京师大附中上学时听傅种孙老师的几何课，使他第一次得知，什么是严谨的科学。钱学森对老师们的教诲感激不尽，他后来说："我若能为国家为人民做点事，皆与老师教育不可分！"

数学的双基和三大能力的提法，其中的合理因素也是我们应该继承的内容。夜郎自大要不得，妄自菲薄也不可取。

(2010 年第 12 期)

做一个与时俱进的教书匠也不容易

2010 年 11 月 22 日,《文汇报》有两篇文章涉及"匠人"字眼。一篇是华东师范大学教科院的《中国中小学教师专业发展状况调查和政策分析报告》。调查发现,我国的中小学教师队伍中更多的是"教书匠",缺少具有通识教育和研究型教师。这里的"教书匠",显然被理解为"知识面狭窄、不会进行教育研究"的工匠;另一篇是一位知识分子的署名文章,题目是"我愿做一个工匠",文中写道:"我不是圣贤,能力有限,愿意脚踏实地,做一个工匠,尽自己的本分,忠于职守。这是我的学术良知和社会责任心。我也希望千千万万个工匠,为社会的前进,做好基础工作。拥有张载式的'为万世开太平'的雄心壮志的知识分子是可贵的,但工匠也是不可缺的——看清了这一点,我们才能避免人才培养和事业追求上的片面性。"同一天同一报纸上的两篇文章,立意显然不同。

匠人,应该是指忠于职业操守、熟谙操作规范、具有精湛技能的工人。其中有著名的工匠李春,他修建的赵州桥成为桥梁工程史的典范,为国内外工程师所景仰。至于一般的工匠,也是社会发展的基础,万丈高楼平地起,那是无数工匠们一丝不苟、辛勤劳作的结晶。

中国的教师十分敬业,为人才培养做出了巨大贡献。如果说我们的大多数教师都是"教书匠",那么"教书匠"就不应该是一个贬义词。我们常常把教师比作园丁,园丁也是工匠。在整个教师队伍中,能够研究教育、指导教育的教育家毕竟是少数,大多数只能是热爱本职工作,对学生负责,坚持学术良知,默默无闻的教书匠,实事求是地说,要做到这一些,也非易事。再说,一个忠于职守,认真备课、上课的教师,不会没有一点研究工作的成分,至于会研究、会发表论文者也未见得都在脚踏实地教书育人。

"匠人"之所以含些贬意,大概在于比较墨守成规,缺乏创造。因此希望大多数教师最好能更多地研究教育规律,更积极投入教育改革的潮流,力争做一个与时俱进的教书匠。当然,这很不容易。

(2011 年第 2 期)

一则关于"奥数"的好消息

《科学时报》2010 年 12 月 16 日报道了哥伦比亚大学教授、中国著名数学家张寿武的谈话,令人振奋。报道说:

2010 年 10 月,29 岁的哈佛大学讲师张伟获得 SASTRA 拉马努金奖。评奖委员会主席、美国佛罗里达大学数学教授阿拉底(Krishnaswami Alladi)在颁奖词中说:"通过自己的努力和与他人的合作,张伟博士在数论、自守形式、L 函数、迹公式、表示论和代数几何等数学的广泛领域,作出了影响深远的贡献……因为他早期的奠基性工作和最近的两项工作,张伟博士已经成为他所在领域的国际领袖。"

张伟 1981 年 7 月出生于四川省达县的一个农村家庭,在成都市第七中学毕业后,被保送进入北京大学数学科学学院。他这一届的北大同学群星灿烂:包括 2000 年度的国际奥林匹克数学金牌获得者恽之玮、袁新意、吴忠涛和刘志鹏,以及 2000 年中国奥林匹克数学竞赛金牌获得者朱歆文等。早在 2008 年,26 岁的袁新意在博士毕业时已经获得美国克莱数学研究所的克莱研究奖。实际上,张伟和袁新意获奖代表了一批人,他们这批人确实比我们这一代人做得好,我们这些改革开放后出国的人,没有哪一个人在这么年轻时就获得国际数学界这么高的承认。他们是中国数学的未来。

2006 年,澳大利亚的陶哲轩获得菲尔兹奖,2010 年,越南的吴宝珠也获得菲尔兹奖,他们都是出生于亚洲的青年数学家,也都是国际数学奥林匹克的金牌获得者。于是,人们会问,中国学生获得国际奥赛金牌的人数很多,但是后来在数学上做出的贡献好像不太多。现在,张寿武教授告诉我们:

他们的实力和潜力已经显示出来了,他们有资本在美国的长春藤大学获得教授职位,但拿菲尔兹奖就难说了。我对他们的期望超过了对陶哲轩的期望,陶哲轩拿了菲尔兹奖,现在是加州大学洛杉矶分校正教授。毫无疑问,陶哲轩非常聪明,他做了很多问题。我个人认为,张伟他们做的问题对未来的影响会更深刻一些。何况他们有一群人在共同努力。张伟、袁新意、恽之玮、朱歆文等,他们可能不像陶哲轩那么聪明,不是天才,但他们可以对数学作出划时代的贡献。他们合在一起,应该是中国数学的未来,他们肯定会做得很好。

确实,获得菲尔兹奖是可遇而不可求的事情,但我们注意到的是中国获得过奥赛金牌或者相同年龄的年轻数学家已经走上国际数学的最前沿,以至成为那一领域的国际领袖。反思国内有些"围剿奥赛"的舆论和做法,是否过分了? 说实话,中国的英才教育不是过头了,而是远远不够。对某些具有天赋的孩子给予适合他们更好发展的培养方式也是"教育机会公平"的一部分,这是关系到我们国家的国际地位的大事。因此我们希望把奥数的工作做得更好,让我们听到更多的好消息。

(2011 年第 3 期)

教学中多多关注"后半段"

——怎样上好复习课？

最近看到的课堂，多半注重认识过程的前半段：创设情境、提出问题、分组探究、汇报归纳，以至有所发现。这是从感性到理性的认识过程。但是，众所周知，认识过程还有理性认识的加深，并反作用于实践的后半段过程。这表现为练习巩固、反思总结、欣赏体验、变式应用、提炼成数学思想方法，这后半段是认识过程的更高层次、更重要的阶段，但是往往未被重视，以至被生生地砍掉了。

数学学习需要巩固，需要做题，但是光做题也不够，必须进行反思，才能进一步达到更深的理解。公开课中很少见到复习课，数学复习课该如何上？常看到一些教材和教辅书都写有"本章小结"，但只是一幅知识的逻辑框图而已，即把风采照人的数学女王，简练成 X 光下一副骨架！

如何落实认识过程的后半段，即如何反思、辨析、欣赏、提炼数学思想方法等，读者有何见教，欢迎来稿笔谈。

（2011 年第 4 期）

"非传统教学方式"要适合学生的年龄

2010 年 11 月 22 日,《文汇报》的一篇报道中说:"如果将讲授、练习、测验等作为传统教学方式,而讨论、角色扮演、探究教学、模拟与游戏等作为非传统教学方式的话,并不是随着年龄的上升,学生的学习能力加强,非传统方式比例就提高,而是恰恰相反,越是小学,非传统教学方式使用越多。"

这是由于小学生的心理发展水平还停留在前运算阶段和具体运算阶段,还没有达到形式运算阶段。所以小学生多采用直观感受、角色扮演、模拟与游戏等实践操作性的活动教学。随着年龄的增长,中学生进入更高的心理发展阶段,能够用形式化的抽象表述进行思维过程,因而讲授等传统教学方式就可以多采用一些。随着年龄的增长,非传统教学方式逐渐减少,符合人的心理发展规律。要求高中教学比小学教学多多游戏、进行戏剧扮演的教学方式,恐怕是有悖常理的。现在的一些教学改革口号,总是在批评传统教学方式上下功夫,似乎"非传统的教学方式"一定是好的,采用的比例越高越好,这就未免有些矫枉过正了。

数学教学改革,首先要关注的是数学内容,然后根据学生的年龄特征,设计适当的教学方式。传统的教学方式既有演讲式,也有谈话式、讨论式。教师提问,学生回答,互相补充纠正,最后教师归纳写在黑板上,形成共识。这种"师班互动"的传统模式中,也有讨论、合作的成分,并非一讲到底的"满堂灌"。现在提倡"数学活动",增加学生自主探究式的教学方式,是正确的方向,有利于培养创新精神。但是,富营养食物也不宜多吃,何况因时制宜的教学方式。

传统的要改进,但是未必都不好。非传统的要提倡,也并非灵丹妙药,多多益善。一切要从教学内容和学生的特征出发设计。总之,不搞片面性,不说过头话,不要违背常理。

(2011 年第 5 期)

有感于《中国震撼》

担任过邓小平的翻译、现任日内瓦外交与国际关系学院教授的张维为，以《中国震撼——一个文明型国家的崛起》（上海人民出版社，2011）一书震撼了舆论界。张维为教授说，中国是文明型国家。"它汲取各大文明的优点，又可以继续保持自我，同时对世界文明做出原创性的贡献"。

中国的数学教育从辛亥革命算起，恰好走过了 100 年。我们学日本，学欧美，学苏联。1980 年代改革开放以后，波利亚的解题理论，弗赖登塔尔的"数学化、再创造"学说、美国的数学教育理念"回到基础"、"问题解决"、"数感估算"等等，大量涌入国内，一股脑儿汇入数学教育的主流。这些都是我们汲取世界各种文明的结果。但是，我们是否注意了在数学教育中"保持自我"，不要放弃自己的"优势"？如果你随便问一位中小学数学老师："什么是中国在数学教育上的优势"，恐怕都会犹豫再三，吞吞吐吐。说实在的，我们在教育上，总是自我检讨，责罚自己惯了，于是要说说自己的优点，反而手足无措起来。

张维为教授还说，中华文明有"三人行，必有我师"的传统。西方则是"三人行，我必为师"。数学教育也不能例外。我们善于向别人学习是好的传统，但是敢于说说自己的长处也是起码的自信。

（2011 年第 6 期）

有感于刘佛年先生的"兼容并包"

2011 年华东师范大学将迎来建校 60 周年。凤凰网的一篇相关报道中,顾泠沅提到华东师范大学前校长刘佛年教授说过的一段话:

"我从旧中国的教育看到新中国的教育,经历过几十年来的风风雨雨。教育无非是两种。一种是讲授式,教师以高水平、启发式的讲解,让学生容易接受。代表人物是赫尔巴特、夸美纽斯和苏联的凯洛夫。另一种是活动式,创设情境,让学生在活动中探索,主动地获得知识。代表人物是杜威。两者各有长短。那么我们中国应该采取什么态度呢? 那就是兼容并包,不能走极端。一般地说,做学问可以走极端,以便形成独特的学派。但是,指导实际工作、干事,不能走极端,真理往往在两个极端的中间。"(摘自:2011 - 10 - 15 发布的凤凰视频 http://v.ifeng.com/news/society/201110/e3c57bcb-810c-45a8-b1d2-fb623463ea96.shtml)

纵观今日世界的教育理论,包括数学教育理论,没有哪一种学说和体制是绝对正确的典范。整体的走向是根据不同的文化背景和社会需求走向多元化和多极化。中国,理应是其中的一极。

任何一次教育改革,必然会有强调的重点,不可能四平八稳。我们不可以片面提倡一种观念,否定另一种与之对立的、却并非错误的观点,以一种倾向掩盖另一种倾向。兼容并包,才能走出中国自己的道路来。

(2012 年第 1 期)

![文 6-55]

数学的大众化和简单化

20世纪以来，随着科学进步，使得工业产品大众化，随之而来则是操作的简单化。回想当年的汽车司机，几乎是一个工程师。车子经常出状况，司机不得不停下来修理。如果不懂得汽车里面的结构、功能，如何能修好？后来汽车大众化了。只要会掌控方向盘，踩刹车和油门，就能轻松开动上路，简单化了。至于其中的"过程"，只有专业人员才知道。尤其是进入千家万户的照相机，干脆以"傻瓜"相机为招徕。近来风靡世界的苹果iPad，对绝大多数使用者来说，"傻瓜化"的程度更上层楼。

这就联想到数学教育。20世纪以来，教育普及，数学课程成为人人必修的科目。实现大众数学之后，"简单化"也就随之而来。最明显的是平面几何课程。19世纪的学校，还以欧几里得的《几何原本》为教材，从公理、公设出发展开。希尔伯特更有严密的《几何基础》，把平面几何建立在严密的逻辑体系之上。随着大众数学的到来，我们只保留了一些最基本的结果，如勾股定理，三角形全等，圆的性质等等。至于其展示过程，不再追求完整的公理化体系了。即便具有重大文化价值的平行公理，也只当做"基本事实"一带而过。总之，知其然即可，不必过度追求所以然。

一个更具体的"简单化"事例是数学课程中可公度与不可公度论证的消失。大家都知道一个重要结论：全体实数和数轴上的点一一对应。这是坐标几何、函数图象、数形结合方法等一系列重大数学课题的出发点。1950年代的教科书，就有线段的可公度（相当于有理数）和不可公度（相当于无理数）的论证过程。到了21世纪，就只剩下了"结论"本身，至于论证其成立的过程统统删去了。

晚近以来，微积分进入中学课堂，也不可能原原本本地把过程说清楚，能够知道求导公式，却不必知道其详细推导过程。又是"傻瓜化"一例。

现如今，讲究"过程性"目标，认为凡事都要知其然，而且知其所以然。这当然是应当关注的一种理想。只是不要把话说过头。随着数学的大众化，一定程度的简单化是不可避免的。

苏步青先生有一句名言："中小学教材可以混而不错。"说的也是这个道理。

（2012 年第 5 期）

也要向"教书匠"学习

轻视实践,贬低匠人,看轻蓝领,是当今社会生活浮躁的一种表现。不过,情况也在发生变化。

打开 2012 年 4 月 19 日的《文汇报》,头版上有一则通讯。说的是一位同济大学建筑学院的硕士生,到了陆家嘴工地上不会写起码的施工方案。于是不得不虚心请教专门砌墙的"关师傅"(人称"关砌"),水泥墙中的实用钢筋不会标注,也得请教"师傅"。这就是说,师傅既是匠人,也是老师。大学生向师傅学习,天经地义。

2012 年获得国家最高科学技术奖的建筑大师吴良镛先生,则以"匠人"自诩。他在清华大学的题字是"匠人营国"(语出《考工记》)。这可以理解为工匠建造了国都,也可以引申为匠人打造着国家的形象。

总之,作为劳动人民的匠人,是应该受人尊敬,值得向他们学习的。

这就不由得让人想起"教书匠"来。以往所说的教书匠,是一个贬义词,专指那些"只会照书本念、无视学生成长"的迂腐塾师。晚近以来,教书匠成了对多数教师的一种指称。2010 年 11 月 22 日《文汇报》上有一篇报道说:我国的中小学教师队伍中更多的是"教书匠",缺少具有通识教育和研究型教师。这似乎是说,我国现今大多数普通教师都成了"教书匠"。这就有些打击一大片了。于是就有老师声称要"甘当教书匠"。其实,我们常说教师是培育人的园丁。园丁就是一个朴素的劳动匠人。

现在的许多"教育家",是专门研究一般教育理论、谈论教育理念的。他们可以在专门研究教育理论的"教育科学院"成为院士,却未必能在课堂教学的"教学工程"领域里当好一名教师。教师,重在教学实践。教书匠,需要把心思用到精巧。教书匠,需要把技术练到纯青。教书匠,需要把小事做到极致。各行各业都有专家,教书匠做得真正到位也是专家。大批甘于寂寞、甘于清贫、勇于奉献的"教书匠",是中国教育的脊梁。

总之,我们要向教育家学习,也要向教书匠们学习。

(2012 年第 6 期)

关注谷超豪先生对当前数学教育的忧思

一代数学大师谷超豪先生去世，各界同声哀悼。

2012 年 5 月 26 日《文汇报》记者有一篇报道，谈及谷先生 2010 年接受独家专访时，曾对当前的数学教育表示忧虑。以下的文字摘引自这篇报道。

"谷超豪先生忍不住提出，现在中学的数学教育太忽视对学生推理能力的培养。他认为，现在的几何教学仅仅停留在平面与空间的图形上，缺少几何最关键的推理过程。"

"2005 年中学数学新的课程标准中取消了传统的欧氏几何，代之以'空间与图形'，这样的数学教学太缺少逻辑推导过程。"

"现在有些人太过分了，一谈教学就是美国怎么样。就因为美国的中学几何教学要求不高，所以我们也要降低要求。如果中学生不学几何，就好比是数学学习缺少了灵魂。"

"好多次听学校教高等数学的老师反映，新进来的不少大学生不会写证明题，不会逻辑演绎。现在数学中几何的推理证明被淡化，甚至连'平面几何'都取消，不鼓励学生问'为什么'，不鼓励学生通过逻辑推理来逐步证明自己的结论，数学就失去了它的重要功效之一。"

文汇报记者接着说："采访归来，记者根据谷先生的建议写好报道，送去给先生审阅。没想到，报道送去后，就一直没有回来。谷先生说，对数学教育提出批评意见，这是一件很严谨的事情，为此，他要再仔细研究研究中学课本，看一看现在中学数学课本到底缺失哪些内容。不久后，谷先生的秘书虞彬老师告诉记者，谷先生托他去中学讨一套数学教材，等看完后再补充材料。谷先生的病情一直反复。记者等着先生的回话，却不料……"

谷先生的上述思考，虽然来不及正式提出，但仍然不失为一份重要的遗言。我们也许可以将之称为"谷超豪之忧"，希望数学教育界的同仁们，大家都来关注。但愿谷先生的建言能够得到应有的重视。

（2012 年第 8 期）

第七部分
乡情杂忆

　　这里收入的文字是我对故乡、母校和先人的怀念。前 6 篇先后发表于《奉化日报》和《奉化中学校刊》，有一篇刊于《文汇报》2011 年 5 月 31 日。

　　这些文字虽然没有直接反映数学教育，却也是关于建国初期的社会环境、教育状况、青年思想面貌的一点真实记录。

从桃花源到大熔炉

——奉化中学忆旧

1994 年秋天,我飞往西班牙的马德里,出席在那里召开的国际数学教育委员会的执行委员会。这是联合国教科文组织下属的数学教育国际组织。执行委员一共 8 个人,来自亚洲的只有我。同时,这也是中国人第一次进入这个权威的国际机构。在那里,我要说英文,当然一定会涉及数学。不过,讨论最多的是诸如"东西文化下数学教育理念的差异"、"巴勒斯坦"是否能够成为国际数学教育委员会的成员之类的社会、政治、文化问题。

会议结束之后,我独自一人走在卡特兰大街上,在毕加索绘画纪念馆的草坪上陷入沉思:我是怎样从奉化凤山脚下、青锦桥畔走到这里来的呢?

当然,主要原因在于国家的强大,中国数学教育的成就(包括中学生在国际数学奥林匹克中屡获佳绩),使得国际上重视中国的数学教育。至于个人的因素,撇开"机会"不谈,令我魂萦梦牵的还是奉化中学的求学情景。奉化少年的"风华少年"时代,是永生难忘的。

我在奉化中学一共 5 个年头:1947—1951。今日想起来,在战火纷飞的解放战争年代,奉化中学不啻是世外桃源。1949 年解放之后,又成了革命的大熔炉。经历了如此激荡的年代,真是毕生的幸运。

1947—1949 年的奉化中学,顾礼宁校长坚持"教育与政治独立"的办学信条。三青团团部在东门外的文昌阁,国民党的党部就在学校对门的"武庙"。但是,学校里没有他们的活动空间。这特别拯救了我们这些十六七岁的孩子,在政治上没有误入歧途。这就是我所说的"世外桃源"。

那时的奉化中学,相当清贫,尤其不能和今天相比。学校的经费紧缺,设备自然相当简陋,我不记得做过什么理化实验。教师的薪金微薄,糊口也难。记得中午的 8 位老师一桌的膳食,荤菜也只有一条小黄鱼。为什么记得那样清楚?因为伙房在上午第四节课下课之前把饭食送到教师宿舍时,要经过一排教室。学生们正是饥肠辘辘之时,饭菜香味传来,自然会紧盯几眼。前些天,一些老同学聚会,竟说"那股香味,至今还能回忆起来"。学生们也不富裕。因为物价飞涨,学费改为交"学米"。我还记得拿着"缓交学米"的条子到总务处办手续时的情景。

清贫并没有降低的是学校教学质量。我的英语不算好,后来在大学学的是俄语。现在到国际上活动,还是靠"奉化"英语那些老底子。在老奉中,我特别喜欢上张幼棠先生的语文课。他是能够"吟"诗的老先生,古文极好。课上常常是针砭时弊,嬉笑怒骂,皆成文章。这样的幽默大师,现在已经没有了。我总觉得后来语文课太一本正经,"字词句篇"当作技术来学,难得以情动人。

1948年经历了影响我一生的事。那年奉化中学举行作文比赛,顾礼宁校长亲自出的作文题是"忙碌就是幸福"。结果是我得了优秀奖,文章贴在布告栏上。当时写些什么,早已忘记了。尽管这是小得不能再小的奖,却给了我写作的自信,"文理兼通"使我一生受用不尽。现在我是数学教授,还兼搞数学史和数学教育,编写《杨振宁文集》、《陈省身文集》,最近写了30万字的《陈省身传》,有点文学意味。在崇尚理性思维的数学界,我得了一个"数学文人"的雅号,也算是独树一帜。我不知道现在的奉化中学是否还提倡"文理兼通",还有没有作文比赛。我想学校里一些不经意的小事常常会影响学生的人生。

学校的活动十分健康有益。每天升旗后有5分钟的"朝会",由老师轮流演讲,内容生动有趣。记得章才廉先生在"朝会"上讲记忆方法。他举例说:苏伊士运河建成于1869年,你就记成"一杯老酒铟",南朝的"宋齐梁陈",可以记为"送其两斤"。清朝皇帝的先后次序可以记成:"康雍乾嘉道咸同,光绪宣统!"半个世纪过去了,到现在还不忘。

顾礼宁校长的"世外桃源",其实是为了抵制国民党、三青团的活动。学校里的革命潜流仍然存在。我记得奉化中学图书馆有一套《鲁迅全集》,红色封面。《展望》、《观察》等时事杂志一应俱全。地理课上,张侃先生讲的是三大战役,大军渡江的消息。即使如"公民"课,谢广祥先生借讲"民主"抨击国民党独裁。

当然,学校毕竟不能完全置于政治之外。1949年春,蒋介石因兵败"退隐",在奉化溪口遥控政局。为了迎接蒋介石到城里视察,要奉中学生排队迎接欢迎,事前举行操练。当时高一学生不满重复操练,遂罢操回家。县政府大怒,要找出为首分子,加以开除。一时学校十分紧张。顾礼宁校长、汤家康班主任等极力保护学生,加上班长刘国柄兄百般应对,才终于以"记过"处分了之。

1949年5月25日,奉化解放。学校已经不上课了。住在奉化城里的学生如果没有事,一般还是到学校来。23日下午大家都到体育场去集中,目睹解放军从北街整队进入城内。当天晚上,部队在奉中大礼堂内就地而卧。第二天,一位姓王的军代表曾来校看望师生。

1949年9月如期开学。戴昌谟先生负责组织青年团的活动。他先邀请一些高年级学生成立读书会,学习社会发展史等。10月,奉化县委组织干部访贫问苦,进行土地调查,减租减息。奉中学生也有10余人参加工作队,分别在县城附近调查。我随一位吕同志到西圃,调查研究,发动群众,为土改作准备。那时社会还不稳定,晚上下乡往往有带枪同志陪同行动。这些实际工作,锻炼了刚懂世事、才16岁的我。1949年12月17日,新民主主义青年团奉化中学支部成立。林鹤年(县团委干部)兼任支部书记。1950年起由我担任。这对我又是一个锻炼的机会。

当时的学校经济十分困难,学生也交不起学费。于是学校发动工读活动,在柳家塘下开荒种田,高年级学生一个星期去劳动三个下午。1950年夏、秋,番薯等收获不小,挨过了最困难的时期。当时的学校里,政治活动确实很多。1950年的镇压反革命,土地改革,购买公债等活动,都要选派高年级学生参加。尤其是土地改革,从发动群众、土地登记、划阶级成分、斗地主恶霸、土地分配、丈量田亩、建设基层组织等等,可以说是全力以赴,全程参加。当时我在城内朝东闻门一个灰堆里搜出国民党当局早期给俞济民的一张委任状,轰动一时。1950年,土匪"小雄鸡"被击毙,地主被枪决于体育场凉亭,至今记忆犹新。书虽然读得少,但是锻炼确实很大。如果今天问我们是否后悔,我们仍然觉得这样的实际工作,还是得多于失。

尽管政治活动比较多,但学校的教学质量仍然保持较高水平。从1951年到1953年的三届学生,凡参加高考的全部被录取,一般学校还是不容易做到的。我和大多数同学一样,抱着"工业救国"的愿望,第一志愿报考大连工学院造船系。想象着由自己亲手打造的大船在蔚蓝色的海洋中行进,何等威风何等浪漫!不过,我还是没有忘记文学,我的第二志愿是清华大学文学系。这样填志愿,当然只能去大连。那年,报考大连工学院应用数学系的学生只有两名。于是,"命令"我们几个高考数学成绩"70分"以上的学生转到数学系。这就是我和数学的缘分。

在大连一年整,国家实行院系调整。大连工学院数学系与东北师范大学数学系合并。我于是成了师范生。以后又考取华东师范大学数学系的研究生。一生轨迹就此确定了。

斗转星移,半个世纪过去了。昔日清贫的"世外桃源",已经似烟散去。解放初期的革命熔炉,也只会留在校史的记载里。但是,奉化中学依然存在。年轻一代正在这里接受教育,走向他们的未来人生。如果要我说一句话来表明我的祝愿,那就是"板凳要坐十年冷,理想须得一生梦"。

"润物细无声",教育并非是课堂上的耳提面命才有效果。中学里一件不经意的小事,常常会改变一个孩子的人生轨迹。奉化中学新校舍落成,《奉化日报》复刊十周年。奉化在一日千里地前进。抚今追昔,我希望奉化的教育多些"润物细无声"的活动,少些功利主义的竞争。传媒的正确引导,其功能往往会比学校教育强十倍。

(本文原载于 2004 年 5 月 29 日《奉化日报》)

党的阳光照耀着解放初期的奉化中学[①]

——追忆戴昌谟先生

2006 年 4 月 24 日，戴昌谟先生与世长辞。我们作为他的学生，在哀悼之余，再次回忆起他对我们的革命启蒙教育，感谢他为我们走上人生道路给予的帮助和关怀。

1949 年 5 月奉化解放。9 月，奉化中学开学。那时学校的校务委员会由孙一之先生担任主任委员，而代表中国共产党参与学校领导的就是戴昌谟先生。他是当时奉化中学唯一的党员。我们注意到，他个子不高，带着一副眼镜，始终穿着一件蓝色的中山装。最引人注目的便是他走路一瘸一拐，不大方便。熟悉他的师友告诉我们，1945 年，戴老师曾是奉化中学的地理老师，后来考入英士大学，参加革命，被捕入狱后坚贞不屈，临解放时趁乱越狱，从关押地的楼上跳下，因而摔坏了腿骨。传奇的经历，使大家对他有一种敬畏。不过，他脸上老是带着微笑，并不难接近。

刚刚解放，工作千头万绪。学校既要进行正常教学，又要对青年进行理想教育。戴先生是奉化县委青年工作组的成员，负责奉化中学学生工作。我们这些十六七岁的青年，正是他考察了解的对象。他首先在学生中组织读书会，并组织大家参与 10 月 1 日中华人民共和国成立的庆祝等活动，启发学生的政治热情，同时着手筹组奉化中学的青年团组织。

1949 年 12 月 9 日，县委批准奉化中学团支部成立。包括我们 5 人在内的首批 12 名团员，以及第二批团员在 12 月 17 日一起举行宣誓典礼。今日看来，这不过是一项例行的手续。但是对于刚懂世事的我们来说，那是一种鞭策，一份责任，一项人生道路的选择。

[①] 本文作者为 1951 和 1953 届奉化中学高中学生. 戴开仁，原宁波高等专科学校党委书记；戴再平，浙江教育学院数学系教授；毛昭祺，原上海住宅钢窗厂厂长；江素贞，上海华东政法学院资深律师；张奠宙，上海华东师范大学数学系教授. 张奠宙执笔.

1950年春天,政府财政困难,学校经费短缺,学生交不起学费。为了度过春荒,学校组织学生到柳家塘下山坡上种番薯,补贴膳食。我们也参加过发行公债、减租减息、土地调查,乃至后来的土地改革、镇压反革命、抗美援朝等一系列的政治运动,在实践中接受革命教育。我们的许多同学先后响应号召,参加革命工作,特别是先后两批,数十人踊跃参加军事干部学校,投身抗美援朝运动。这些,都是在戴昌谟老师的组织和领导下进行的。党的阳光照耀着奉化中学,奉化中学得到迅速恢复和发展,我们也在党的哺育下渐渐成长。现在,我们都是70多岁的人了。奉化中学时代留下的记忆,永远是那样的美好。戴昌谟先生的启蒙教育,使我们终身难忘。

后来我们先后离开奉化中学,但一直和戴老师续有接触,直到他今年去世。回想起来,解放初期的七八年间,也许是他人生中工作最顺利,成绩最出色的一段时期。1958年,他便因在奉化中学犯"右倾"错误接受处分,调离奉中,受到长达20多年的不公正的对待。十一届三中全会后落实政策、恢复名誉时,他已年近花甲,难有多少作为了。俗话说,人生不如意者十之八九,戴先生错失了他最好的年华。

事实上,以我们对戴先生的了解,在把不问政治的奉化中学改造成革命熔炉的过程中,他也许会执行一些"左"的做法,以至我们这样的青年身上也会出现一些"幼稚病"。至于说他"右倾",而且严加处理,实在难以理解。

改革开放以后,作为离休干部、浙江农大宁波分校的一名老同志,他享有安定的晚年。我们每次到他五六十平方米的小屋去探望,他总是笑容满面,感谢我们还记得他。

4月28日,戴昌谟先生的遗体告别仪式在宁波举行,相当隆重。奉化中学领导也出席表示哀悼。我们觉得,解放初期在奉化中学生活过的师生一定会长远地记得他。至少,他会永远活在接受过他教育的学生们的心里。

(本文原载于2006年5月22日《奉化日报》)

记解放初期奉化中学的文艺演出活动

最近一期奉化中学校刊,有"遥远的记忆"一文,作者是沈能学。她是 1950 年代初期奉化中学出名的女高音。由此触发了我的回忆,想起了奉化中学在解放初期的文艺演出活动。现在就我的经历,写此短文,以作纪念。

1945 年抗战胜利,奉化中学从乡下迁回城内本部(今市政府所在地)。时任校长的吴炯先生,提倡文艺演出。那时,"奉中剧团"盛极一时,主要演员有刘国权等。我 1946 年底从山东回到奉化,没有赶上他们的全盛时期。但是,我清楚地记得在奉中大礼堂看过他们演出的《雷雨》。一款紫绛红的大幕布,徐徐拉开和降落,相当气派。这块幕布和许多布景,都是后来文艺演出的基本家当。那时的演出当然不卖票,社会上的人都可以索票进去欣赏。

1947 年以后,顾礼宁先生主持校政。他主张"关门办学",要学生埋头读书,提高教学水平。于是,近在咫尺的国民党县党部(武庙原址),以及三青团团部(东门外文昌阁)不能插足奉中。此举使得我辈青少年免受反动政治之累,真是功德无量之举。不过也因此取消了文艺演出等课外活动,免得节外生枝。

1949 年 5 月,奉化解放。当年 9 月,新学期开始。孙一之、戴昌谟先生主持校务,学生的社会活动大量增加。新时期、新社会,激荡着年轻学子的心灵。当时的县政府不断要求奉化中学配合形势进行宣传,跨出校门,走向社会,成为一种时尚,文艺演出也极一时之盛。当时的教导主任王世瑄先生擅长文艺戏剧演出,他是所有演出的总导演。

起先多半是外出游行,演出一些活报剧。那时,由一幅高达两米的毛主席画像为前导(梁超群先生画),然后是锣鼓队、洋鼓洋号,以及腰鼓队。一辆花车上常有表演。记得一次反战游行,王幼华扮演的和平女神,白色长裙加金色头饰,十分抢眼。活报剧则是各个国家的人民联合起来,打倒战争贩子美帝国主义。游行队伍从奉中出发,经东门路出城门,到新桥头进入大桥镇直街,再从桥东岸过大桥,至桥西岸汽车站解散。为了宣传,有时远至西坞、尚田坂。

梁季尧先生和王秀玉同学合演歌剧《兄妹开荒》，是戏剧演出的开始。后来还演出过一些小节目，配合"公债发行"、"减租减息"等政治活动。1950年春天，配合春耕生产，演出了一出正式的歌剧《朱宝全生产》，说的是一个懒汉的转变。我演懒汉朱宝全，胡琪英演朱妻，邵淑珍演懒汉的女儿，江素贞演妇女主任。戏文有点闹剧特色，引人发笑。王世琯先生导演。叶慈鹤先生的二胡，陆祖鹏的笛子为主组成乐队。该戏在奉中、萧王庙、江口、西坞等地演出过。我因此得了"懒虫"的绰号。邵淑珍因为在剧中有唱词"肚皮饿"，每当开饭时刻也成了大家打闹的笑料。

当时每场演出，有一出"天官赐福"的开场戏。一个戴官帽、穿大蟒，有面具的"神"，踩着锣鼓点，跳来跳去，俗称"跳加官"。过去手里拿着"国泰民安"的条幅，现在则改为"请买公债"、"减租减息"、"加紧生产"等等宣传的口号。在萧王庙的大戏台上，我跳过一次，感觉怪怪的，至今记忆犹新。

1950年5月和10月，戏剧演出进入高潮。为了庆祝五一国际劳动节，王世琯先生决定排演大型话剧《红旗歌》。这是反映上海纺织工人反对敌人破坏，提高生产效率的故事。我们一帮孩子，对工人生活毫不了解，不管三七二十一，也就排演了。上台的人很多，记得有戴开仁、竺锦园、戴再平、周樱、王秀玉、王熹霞等，我则演一个干部模样的人。由于场面很大，大礼堂装不下，就在操场上搭台演出。热闹是热闹，演出水准如何，则比较难说了。

那年秋天，奉化中学演出《黄河大合唱》，使得演出达到高峰。演出的艺术指导是秦万青老师。他从上海来，一副男高音的嗓子，仪表堂堂的帅哥模样。他将音乐课当作排练场。女高音就是前面说的沈能学，她演唱"黄河怨"，十分动人。男高音是周忠钧、陈大模。合唱队则是各个年级凑起来的。这次演出，应该说十分成功。在艺术上，思想上都有很多收获。

奉中的文艺演出，不能不提到幕后的英雄。当时的演出条件很差，什么事情都得将就着来。柳仁锭和他的合作者章望锐、孙经林担当起一切。电灯没有就得用汽油灯。大幕徐徐拉开灯光由暗渐渐变亮，那时不可能有"可变电阻器"，于是用竹管桶盛盐水，底端接电线，另一端在盐水中，与底面距离拉大，电阻变大，灯光就暗了。至于布景、音响、道具都是他们包了。辛苦自然辛苦，却是乐在其中。

1950年底，抗美援朝运动开始，学校掀起参加军事干部学校的运动，我们高三班也在1951年夏天毕业离校，后面的事情我就不清楚了。

这短短的一年多文艺演出活动,留给我们非常美好的记忆。上述的文艺活动分子,日后大多考入理工科,或者成为外事干部等行业,无人成为专业的文艺工作者。但是,活动给予我们自信,敢于上台;使我们热爱生活,接受文化的熏陶。它在我们的一生中,起着潜移默化的作用。

　　新时代的奉化中学,希望会有新的文艺活动,为奉化市的发展作出新的贡献。

(本文原载于 2006 年 3 月《奉化中学校刊》)

60 年前我在上海参加高考

一个甲子以前，1951 年，我参加过新中国初期的上海高考。

那年我从浙江奉化中学毕业。毕业前夕的一天晚上母亲对我说，你父亲在汽车站当职员，能把你们兄妹五人养大，读完中学，就很不容易了。上大学，怕是交不起学费了。这时我猛然觉得自己已经长大，未来的人生要靠自己去安排。

我赶上了好时代。1951 年的新中国，百废待兴，而且又值抗美援朝战争，国家的财政相当困难。可是一则招生广告映入我的眼帘：东北地区的一些高校来上海招生，免收学费，提供食宿，每月还发三元助学金。我把消息告诉母亲。她停了一会儿说："你能考上你就去吧，我们再紧一紧，挤出盘缠来，到上海你舅舅家去住几天，如果考不取就在他厂里学生意。"

那年，华东地区高校单独招生。华北和东北地区的高校则联合招生，各省会和上海都有考点，但是浙江学生也可以在上海报考，没有限制。那年 7 月，我手提一只小箱子，背上一个行李卷，身上一个挎包，登上了长途汽车。母亲和弟妹们到车站送行，大家都说去赶考应是高兴的事情，可是每个人都忍不住哭了。车从奉化到宁波。那时舟山刚解放，上海的轮船尚未恢复，只能走陆路从杭州转，杭甬之间也只有公路交通。父亲在车站工作，方便地把我转到去杭州的长途汽车上，自然又是一番叮嘱。由于缺乏汽油，汽车是烧木炭的，所以车速极慢。车到绍兴休息一阵，真正进入杭州城站，天已经黑了。算算从奉化出发到杭州一共用了 12 小时。若在今天，不过是一二小时的车程而已。

第二天改乘火车到上海。舅舅办一个针织小工场，在提篮桥附近。安顿下之后，赶紧去报名。东北和华北地区的联合招生办公室设在重庆中路的震旦大学（后为上海第二医科大学，现在已经成为交通大学的医学院了）。报名很简单，交上毕业证书（见第七部分乡情杂忆的题头图片）和两张一寸照片。没有身份证，也没有户口问题。接着便是填写表格。在报考志愿一栏中需要填写申报的学校和系科。这我早已想好了：第一志愿是大连工学院的造船系。一方面，是响应国家建设东北工业基地的号召,幻想自己造的大船能在蔚蓝色的海洋航行;另一方面,也因为有免学费、包食宿、发生活费的待遇。至于第二志愿,填了清华大学的中文系。那时报考不分文理。我自幼喜欢文学,理性报考造船系之外,还不忘给自己留一点余地。现在看来,这志愿填得十分荒唐,哪有把清华当第二志愿填的呢?

领取准考证之后,便是参加考试。地点在新闸路1370号的大同大学,后来成为上海五四中学的校址。那时的考试并不怎样紧张。舅妈关照,考场附近有"沙利文面包厂",中午就买面包当午饭。

大约过了一个月,高考录取发榜,在上海各大报纸刊出。我的名字果然出现在大连工学院造船系的名下。欣喜之余,连忙从提篮桥搭乘去卢家湾的7路有轨电车,叮叮当当地再到震旦大学的招生办事处报到。那里张榜告知,新生可以搭乘大连工学院准备的火车前往大连。那是一列闷罐火车,晃晃悠悠开了三天三夜,终于到达美丽的旅大市。

大连工学院新成立应用数学系,系主任陈伯屏是航空专家,认为航空工程必须有坚实的数学基础。可是,那时的青年,只知道工业建国,对数学专业不感兴趣,结果阵容强大的应用数学系只录取了两名学生。于是学校动员我们几个数学成绩稍好的学生转系,去数学系报到。可是一年之后院系调整,又因为按照苏联体制,工学院不能办数学系,说那是综合大学和师范大学的事情。于是我们这一班学生又全部并到东北师范大学数学系二年级。这样从报考造船系开始,到准备当一名中学数学教师结束,完成了我高考的全过程。

那时的高考是学生自己的事情,一切都是自己去筹划办理,学校、家长多半是不管的。这和今日之高考,相距甚远了。

(本文原载于 2011 年 5 月 31 日《文汇报》)

奉化南门忆旧

五十多年前的南门头，是我魂牵梦萦的地方。南门小景，在于凉亭、城墙和小河。

南门通里山。山里人进城就在南门外的凉亭歇脚，交流信息。凉亭里供着土地菩萨，有免费供应的茶水。墙上挂着"敬惜字纸"的竹篓，本意是爱惜文化，却也符合环保要求。日寇飞机曾经轰炸凉亭，造成许多平民伤亡，欠下了一笔血债。现今奉化市中心北移，南门冷落。如果把凉亭变成茶坊酒吧，未知可有人光顾？

南城门何时拆除，我已经不知道了。记忆中只有城墙。外墙是斑驳的石头，三米多高。上面不宽，长满荒草，爬上去不大容易。每当夕阳西照，给人一种古朴苍凉的感觉。沿城墙的一条小路，蜿蜒可达东门。半路上有一个水门洞，修得精致，孩子们喜欢在那里玩，抓小鱼。现在城墙早已拆除，变成了"城基路"。如果当时的拆墙人能"手下留情"，把水门洞的一段保留下来，该有多好。

南门外的小河，是最有活力的地方。山水从三溪缓缓流淌下来，在这里变成一段两米宽的河道，上面用长石条架着小桥。上游清澈见底，可作"饮用水"，然后是淘米洗菜区。溪水流过小桥则进入洗涤区。河埠头是妇女们劳作相聚的地方，家长里短，小道新闻。男人们来挑水，也会掀起一阵打闹声。那时的河里，虽无大鱼，小鱼很不少。花花的水蛇游来游去，停下来只露蛇头，并没人害怕。现在小河仍在，不复当年景象。

奉化南门，也是人文荟萃的地方。沈姓是大族，有沈家闾门和沈家祠堂。当然，名气最大的是"少卿第"。每年正月，在敞堂间祭拜祖先，挂着古老的画像，印象深刻。这样的古建筑，不知能否保护下来，留给子孙。拆了，无法再生，怪可惜的。

（本文原载于 2004 年 10 月 31 日《奉化日报》）

话说"红墙外"

奉化城里有一处地方,叫"红墙外"。这是块大约 200 平方的稍宽的路段,紧靠孔圣殿的南墙。1950 年代农业集体化之前,那里是城里的一处柴场头。山里汉子挑来一担干柴,倚在南墙上,和买主讨价还价,换几个零用钱,到街上买些物事带回家。每每看见他们卖掉柴担,打开蒲柳包,拿出饭团和咸笋,三口两口咽下,扛着空扁担匆匆离去。

"红墙外"实际上是"黉墙外"的同音俗称。古学尊孔庙,黉门在西,泮宫在东。黉门与泮宫均为古代对学校的一种代称。于是有"身入黉门,天子门生",以及"黉门学子"的说法。"黉门"的"黉",其读音与"红"相同。

2006 年 4 月 19 日下午,在厦门大学授予中国国民党荣誉主席连战名誉法学博士学位的仪式上,连战先生发表了激情洋溢的演讲。厦门大学请连战先生即兴题字,连战先生挥笔写下"泱泱大学止至善 巍巍黉宫立东南"的字句。这里的"东南黉宫",即指厦门大学。

奉化现存古迹不多,古代寺庙焚毁殆尽,于是筹资新建岳林、雪窦二寺。只有城里的孔圣殿,北端大殿尚存,南头泮池犹在,古貌还能看到一二,值得保护。笔者 1949 年曾在奉化中学就读,教室即在孔圣殿内。现已经拆除,原地建了一幢多层的新校舍,可谓腰斩孔圣殿,弄得不伦不类。现在奉化经济发展,进入国家百强县(市)之列,倘能恢复孔圣殿原貌,辟为"文化公园",当为奉化一景也。

母亲曾是奉化首届人民代表

天下的母亲都是伟大而平凡的。我也有一个伟大而平凡的母亲:王秀明。因为个子高,平常大家都叫她"长长张师母"。1954 年,母亲当选为奉化县的第一届人民代表。在纪念人民代表大会制度诞生 50 周年的日子,我又一次回忆起她的一生。

母亲出生在 1906 年。那还是满清时代,妇女以缠脚为美。一般是四五岁开始缠,七八岁略具"三寸金莲"的模样。四岁的母亲,还是宣统二年,自然要缠的。但只缠了几天,便哭天喊地坚决不干。宁波是五口通商的商埠。奉化城里大桥一带是当时全国相对比较开明的地方,外公又在外面做生意,思想比较开通,也就默认了。于是母亲的双脚是"天脚"。从数百年妇女缠脚恶俗下解放出来的第一批奉化妇女中,母亲是其中之一。

过了缠脚关,下一步就是争取学习文化的权利。1910 年代的奉化,女生入学是稀罕事。母亲居然也挤进了第一批女学生的行列,在龙津学堂读了三年书。凭这点文化,居然能够识得字看看报纸,要紧的时候也可以写半通的家信。闲时读书,可以看懂《红楼梦》之类的大意。

母亲终于没能闯过"职业妇女"这一关,从大桥镇嫁到城里,和在库房(即今之税务局)学生意出身的父亲结婚。此后相夫教子,做了几十年的家庭主妇。1949年,奉化解放。革命的洪流荡涤着旧社会的一切污泥浊水。一生追求妇女自由解放的母亲,由此看到了希望。她终于走出家门,参加社会工作。

1950 年代的奉化社会,经历了深刻的变化。从镇压反革命到土地改革,母亲是东关村的妇女主任。在农业合作化运动中,无论是初级社、高级社、人民公社,都是"与时俱进"。总之,在奉化县的社会活动里,人们总可以见到一位高高的中年妇女奔走在政府、农会、妇联和村民当中,开会、宣传、调解、处理家长里短的各种事务。没有任何报酬,却是废寝忘食。尤其是县法院的人民陪审员的事情,人命关天,一点马虎不得。她的强项是处理婚姻案件,保护妇女儿童权益。

1954 年，并非政府的公职，又非贫雇农的母亲，以她处事公平、公正的声誉，当选为奉化县第一届人民代表。这也许是母亲经历的那个时代的农村妇女所能企及的最高荣誉。新社会给了母亲展示自己才能的舞台。第一届人民代表大会的会址在城里"育婴堂"的旧址，那天松柏装饰着大门，人民代表都带上了大红花，母亲高兴得不得了。

1958 年的人民公社运动，母亲自然要带头。结果是和许多从不种田的家庭变成了"农业户口"一样，我们一家也成了"靠社户"。没有工分，就没有口粮。1960 年的困难时期之后，老人的身体慢慢也就差了。父亲是老肺病，大家都知道。母亲有心脏病、高血压，那时却并不了了，她硬撑着。社会工作也就不做了。

1966 年的年底，文化大革命风暴来临。我们这样所谓"有点文化"的家庭居然被抄了家（虽然很温和）。父亲受惊吓去世的第二天，母亲在劳累之后抱着我那 2 岁的女儿午睡不起，因心肌梗死永远地离开了我们。一对夫妇同时出殡，在奉化城里曾引起多少叹息。

我常常在静夜泪流满面，懊悔没有及早发现和治疗母亲的高血压。她本来是可以看到中华民族的新时代的。聊以堪慰的是我们子女曾让她生前去过北京看望女儿、外孙，进过故宫。至今我还记得她说起故宫时的幸福笑脸。

（本文原载于 2004 年 12 月 6 日《奉化日报》）

人名索引